# 电脑组装与
# 维修一本通

选配·安装·维护·检修

博蓄诚品◎编著

化学工业出版社
·北京·

## 内容简介

本书以全彩图解＋扫码阅读＋视频讲解的形式，对电脑硬件的选购、组装，系统的安装、维护，故障的检测、维修等知识进行了系统的讲解。

本书分入门篇、硬件篇、系统篇、维修篇，主要介绍了电脑的组成、类型、使用环境、选配方法，各部件的主要功能、参数、原理，硬件选购的知识要点，硬件的组装方法，系统安装的多种方法，系统的备份与还原，各部件容易发生的故障、解决方法及维修实例，软件故障排除及解决方案等知识。书中每章均精心编排了【知识点拨】【术语解释】【扩展阅读】【知识超链接】等板块，结合二维码，在有限的篇幅内介绍更多的知识，让读者"知其然，更知其所以然"，学习起来也能事半功倍。

本书内容丰富实用，讲解通俗易懂，非常适合电脑初学者及DIY爱好者、电脑维修工程师等学习使用，同时也可用作职业院校、培训机构相关专业的教材及参考书。

## 图书在版编目（CIP）数据

电脑组装与维修一本通/博蓄诚品编著． —北京：化学工业出版社，2021.5（2025.4重印）
ISBN 978-7-122-38660-1

Ⅰ.①电…　Ⅱ.①博…　Ⅲ.①电子计算机-组装②电子计算机-维修　Ⅳ.①TP30

中国版本图书馆CIP数据核字（2021）第041732号

责任编辑：耍利娜　　　　　　　　　　　装帧设计：王晓宇
责任校对：宋　玮

出版发行：化学工业出版社（北京市东城区青年湖南街13号　邮政编码100011）
印　　装：北京瑞禾彩色印刷有限公司
710mm×1000mm　1/16　印张18¹/₂　字数314千字　2025年4月北京第1版第9次印刷

购书咨询：010-64518888　　　　　　　　售后服务：010-64518899
网　址：http://www.cip.com.cn
凡购买本书，如有缺损质量问题，本社销售中心负责调换。

定　　价：79.00元　　　　　　　　　　　　　　　版权所有　违者必究

 **编写目的**

在信息爆炸的时代，电脑已经成为人们日常工作、学习、娱乐必不可少的工具。随着网络的普及与提速，各种共享资源与网络应用以几何级数增长，电脑与网络设备越来越多地遍布人们的周围。同时，有很多喜欢攒机的朋友们，尤其是喜欢玩游戏的技术宅、理工男等群体，他们热衷于通过DIY，定制完全符合自身需求的电脑。

随着电脑的大规模应用，由于客观及主观原因，常会造成各种各样软件、硬件方面的故障。电脑系统作为一个整体，不能简单地"头痛医头、脚痛医脚"，需要全方位、综合性地判断和解决问题。无论是专业的维修人员还是普通的个人用户，都应该懂得电脑组装、维护、维修的相关知识。因此，我们组织了一批多年从事计算机组装与维修的高级硬件工程师编写本书，向读者介绍目前新的电脑硬件组装、日常优化维护、故障快速排除技巧等，帮助读者更好地了解及使用电脑。

  **内容介绍**

| 篇 | 章 | 内容概述 |
|---|---|---|
| 入门篇 | 第 1、2 章 | 主要讲解了电脑内外部组件，电脑软件系统，电脑软硬件的查看方法，电脑使用环境的要求，电脑的主要分类，每种电脑的作用、主要特点、优劣势，电脑选配的流程和注意事项等 |
| 硬件篇 | 第 3 ~ 8 章 | 主要讲解了各硬件组成部分的功能、参数、选购方法及主流产品，如 CPU、散热器、内存、主板、硬盘、显卡、电源、机箱、显示器、鼠标、键盘、音箱、耳麦等 |
| 系统篇 | 第 9 ~ 11 章 | 主要讲解了操作系统的安装、优化、维护等知识，如 PE 系统、启动 U 盘的制作、BIOS 的常用设置、启动顺序的设置、硬盘分区操作、Windows 10/Windows 7 的安装方法、驱动的安装方法、利用还原点进行备份和还原、利用 Windows 备份还原功能、系统的重置等 |
| 维修篇 | 第 12 ~ 14 章 | 主要讲解了各类故障的检测与维修知识，包括常见的维修工具、电脑故障的分类、电脑故障的检测方法、电脑自检报错的解决方法、蓝屏故障的解析、电脑组件的常见故障及排除方法、安全操作注意事项，以及系统常见故障、注册表故障、病毒造成的故障、文件系统故障、开关机故障的解决方法及实例等 |

（1）从零开始，深入浅出

从硬件到软件，从认识设备到使用设备再到维修设备，从安装系统到备份系统，手把手、一步步带领读者将零件变成可以使用的电脑。

（2）新配件，新技术

从设备原理开始介绍，通过详细的说明，让读者知道为什么要选择该产品，它好在什么地方。对新的配件以及新的技术进行重点介绍，让读者的学习可以与技术发展前沿接轨。

（3）培养思路，触类旁通

本书并不是单纯介绍产品和维修的步骤，而是通过实例培养读者解决问题的专业逻辑思维能力。电脑是一个整体，出现的故障千千万万，有一个系统的认识才能应对多种复杂的电脑问题。

（4）理论与实践合理搭配

在阐述设备的作用、主要参数、技术指标的含义等内容时，教会读者比较、挑选产品的方法。在讲解了故障原理后，配合实际的案例分析，使读者可以快速准确地处理一些常见电脑故障。在处理问题的同时，也掌握了故障产生的原因以及处理思路。

本书集电脑入门、硬件体系、选购与组装、系统的安装、系统备份/还原、设置与优化、硬件的故障检测维修、日常使用维护等知识于一体，适合以下人士阅读：

- 计算机初学者
- 系统工程师
- 公司运维人员
- 硬件工程师
- 电脑爱好者
- 计算机维修工程师

本书在编写过程中力求严谨细致，但由于时间与精力有限，疏漏之处在所难免，望广大读者批评指正。

**编者**

# 目录
CONTENTS

**硬件篇**

# 第3章
## CPU主要参数及选购

036

第 **4** 章
**主板主要参数及选购**

060

# 第5章
## 内存主要参数及选购

087

第6章
熟悉其他内部部件

101

# 第 7 章
## 常见外部部件的选配

130 ————————

# 第 8 章
## 电脑主要部件的组装

151 ————————

**系统篇**

第 **9** 章
系统安装准备工作

170

**维修篇**

**第12章**
**常见故障检测与维修**

216 —————

**第13章**
**硬件故障分析及维修**
**实例**

233 —————

# 第14章
## 软件故障检测及维修实例

259

# 入门篇

电脑组装与维修
一本通

第1章

# 电脑软硬件
# 入门必学

## 学习目的与要求

　　电脑主要由软件系统和硬件系统组成，硬件系统就是读者购买的，看得见、摸得着的设备。而软件系统，包括操作系统、各种应用软件，以及放置在各设备ROM中的系统。本章将带领读者从软硬件开始，领略电脑的魅力。

　　读者先查看电脑周边，有能力的读者可以拆开机箱外壳，按照本章介绍的知识，了解电脑内外部的组成。

## 知识实操要点

- ◎ 认识内部组件
- ◎ 了解外部组件
- ◎ 了解有哪些电脑操作系统
- ◎ 简单了解电脑的启动过程
- ◎ 学会查看电脑的配置信息

## 1.1 电脑硬件组成

电脑的硬件，主要包括主机内的和主机外的。主机内的，叫做内部部件；主机外的，叫做外部部件。下面通过对两个部分的介绍，向读者简述电脑的硬件组成结构，为后面的各部件功能介绍及选购打下基础。

### 1.1.1 主要内部部件

电脑的主要内部部件就是需要组装和购买的设备。电脑升级，一般都是进行内部部件的升级。电脑的性能强弱，主要也是由内部部件所决定。

**（1）CPU**

CPU（Central Processing Unit，中央处理器）是电脑中负责运算及控制的核心设备，如图1-1所示。体积不大，但科技含量却是最高的，其制作和封装都属于高精密技术。而且核心技术现在把持在Intel和AMD两家公司手中。

图1-1

**（2）主板**

一块大规模集成电路板，上面有各种元器件，是整个电脑部件整合的平台，如图1-2所示。主板提供了各种接口供所有内部部件及外部部件连接，并负责在各部件间提供高速的数据传送通道。

图1-2

**（3）内存**

内存是一个高速数据缓存设备，向上直接为CPU提供需要的数据，向下负责向硬盘等数据存储介质查询、调用、写入数据。断电后数据全部消失，如图1-3所示。这里的内存穿了散热"马甲"，方便内部元件散热。

图1-3

（4）硬盘

硬盘是电脑主要的外部数据存储设备，具有断电数据不丢失的特点，包括大容量的机械硬盘和高速度的固态硬盘。通过SATA接口、M2接口、PCIE接口与主板进行连接，提供数据读取和写入服务，如图1-4及图1-5所示。

图1-4

图1-5

除了安放在机箱中，用户也可以购买2.5英寸的笔记本机械或固态硬盘，改装成外置的移动硬盘使用。

术语解释

WD的蓝、绿、黑、红、紫盘是什么意思？

了解西部数据（WD）的用户

肯定会知道WD的硬盘按照标签，分为好多种颜色，这里介绍每种颜色硬盘特点。

绿盘：噪声低、适合家用，但性能差，延时高，寿命短。蓝盘：适合家用，性能较强，性价比高，声音比绿盘略响，性能比黑盘略差。黑盘：适用于企业，高性能、大缓存，速度快，用于服务器、媒体编辑及高性能游戏机等。红盘：适合NAS环境、7×24小时运作环境，性能特征与绿盘接近。紫盘：用于7×24小时的监控存储。

用户在购买时，家用就选择蓝盘，发烧友可以选择黑盘，红盘主要是NAS环境，紫盘用于监控环境，而绿盘性能较低。

（5）显卡

显卡就是电脑中负责提供显示功能的设备。有些CPU集成了显示核心，可以通过主板的显示接口输出视频信号。用户想要享受高画质的游戏，就需要一块高性能的独立显卡了。独立显卡一般是PCI-E接口，如图1-6所示。

图1-6

（6）电源

电脑里各部件无法直接使用220V的交流电。需要使用电脑电源将200V的交流电转化为各内部设备使用的低电压直流电，通过各种接口连接电脑部件，如图1-7所示。电源的好坏直接决定各设备的稳定性。

图 1-7

（7）光驱

光驱现在已经基本很难在电脑中看到了，光驱的作用主要是读取光盘，刻录机还负责向光盘写入数据，如图1-8所示。现在，光驱的主要用途就是安装系统，刚性用户可以选择外置光驱进行数据的备份。

图 1-8

（8）其他设备

可以接在主板上的设备还有很多，可以实现更加专业的功能，如独立网卡、独立声卡、转接卡、水冷散热等。

集成声卡损坏或用户需要高端的音频处理等专业操作，就需要选购一款多功能声卡，如图1-9所示。

图 1-9

中高端用户如果有需要的话，也可以使用水冷散热器对CPU进行散热，如图1-10所示。

图 1-10

## 1.1.2 主要外部部件

电脑的主要外部部件是指机箱外的设备，如显示器、键盘鼠标、音箱等设备。下面简单介绍外部部件及其作用。

（1）显示器

与显卡连接，向用户显示画面的设备，如图1-11所示。从早期的CRT显示器到现在的液晶显示器，显示器经过了一个重要的过渡。

图 1-11

（2）键盘

键盘是电脑主要的输入设备之一，负责为系统提供命令输入、各种字符及文字输入以及电脑工作控制，主要分为薄膜键盘和机械键盘，如图1-12所示。

图 1-12

（3）鼠标

鼠标，作为电脑的主要输入设备，经历了滚轮的机械鼠标、光电鼠标，如图1-13所示，而现在主流的就是无线鼠标。

图 1-13

（4）打印机

打印机也可以看作是主要的输出设备，可以将文档或者照片输出到打印纸上。现在比较先进的3D打印机，可以做到所见即所得。常见的打印机有针式打印机、喷墨打印机、激光打印机等，如图1-14所示。

图 1-14

（5）音箱、耳麦

作为家庭多媒体组件，负责电脑音频的还原工作。家庭一般使用2.1有源音箱，如图1-15所示。现在更加流行蓝牙音箱，使用手机或者电脑，就可以远距离控制了。

图 1-15

现在耳麦已经逐渐取代了音箱，好的耳麦可以模拟5.1或7.1声道音响，而且仅需一个USB接口即可工作，如图1-16所示，逐渐成为电脑的标准配置。

图 1-18

图 1-16

图 1-19

（6）摄像头

摄像头作为视频采集的主要设备，负责向接收者提供清晰的视频，而且家庭安防摄像头已经成为家庭安全的重要监控工具，使用手机即可远程获取当前家里的情况，如图1-17所示。

图 1-20

图 1-17

图 1-21

（7）网络设备

网络设备，如路由器、NAS、光纤猫、路由猫等，如图1-18 ～图1-21所示，为家庭提供网络功能、存储功能、光信号收发等功能。

（8）其他设备

现在，商用设备逐渐向民用化靠拢，两者之间的界线越来越不明显。以电脑为核心的设备也层出不穷，包括各种投影设备、3D游戏设备，如图1-22、图1-23所示。

图 1-22

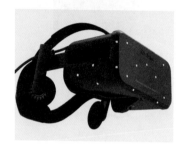

图 1-23

网络机顶盒，如图1-24所示。

图 1-24

现在电脑不仅仅是家庭学习娱乐的工具，而且作为家庭信息处理中心、存储中心，用来满足家庭各设备的信息存储、转发、管理。所以电脑已经向小型化、微型化、专业化的方向发展了。

## 1.2 电脑软件系统

电脑的硬件是电脑的"身体"，软件相当于"灵魂"。硬件的水平决定了电脑性能的高低，但是仅仅有硬件，电脑无法工作。电脑软件就是运行在电脑硬件上，起到运行控制、信息数据化以及各种高级功能作用的特定程序。电脑只有同时具备了软硬件才能正常工作，两者是密不可分的。

### 1.2.1 认识操作系统

操作系统介于用户和硬件设备之间。其上运行大量的应用软件，为用户提供各种管理工具，用于信息、资源、各种功能的管理。用户平时看到的图形化界面也是操作系统的一个重要组成部分。

目前，主流的电脑操作系统包括Microsoft公司的Windows系列、小众人群钟爱的Linux发行版、Mac OS等。

当然服务器也有专门的服务器系统，而移动终端也有安卓、iOS等系统可以选择。

（1）Windows 7

从正式发行到现在已经10多年

了，与经典的XP有异曲同工之妙，并且应用更为广泛。虽然在2020年1月结束所有技术支持，对用户而言，Win 7的易用、简单、高效率、安全等都是人们还不愿意放弃它的理由，如图1-25所示。

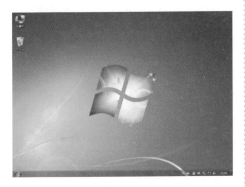

图 1-25

（2）Windows 10

据官方说法，Windows 10是最后一个独立的Windows版本，如图1-26所示。也就是说没有Win11、Win12等大版本的更新了，而是在Win10的基础上，进行各种更新。随着一个系统使用得越来越久，发现的漏洞也会越来越多。考虑到推出一个新系统的难度，Microsoft还是决定好好去完善一个系统。

图 1-26

经过这几年的发展，Windows 10已经基本成熟，并被广大用户所接受，加上Win 7的退市策略，建议读者还是应该以Windows 10为基础进行学习。

（3）Ubuntu

Ubuntu（乌班图），是一个以桌面应用为主的开源GNU/Linux操作系统，由于Linux的发展，越来越多的人认识并开始使用它。操作方式与Windows系列还是有所区别。Linux的自由性在Ubuntu上集中体现了出来。而且Linux的短板——缺少应用软件，也已经在逐步地弥补，如图1-27所示。

图 1-27

国产Linux，如Deepin系统，生态越做越好，有兴趣的读者可以安装使用。

（4）Windows Server系列

Server系列是Windows专门为服务器开发的系统，从2003开始，到2008、2012、2016以及最新的2019，如图1-28所示。用户可以使用Windows Server在服务器或者家用机上搭建Web、Ftp、Dns、Dhcp等服务。

图 1-28

（5）RHEL

RHEL（Red Hat Enterprise Linux），Red Hat公司开发的Linux系统，在Red Hat 9.0后，停止开发所有桌面发行版以及10.0，转而集中全部力量在服务器版的开发上，也就是RHEL，如图1-29所示。

Linux作为服务器系统，主要优势有：开源，便于开发；稳定性较高；权限合理，安全；对硬件需求较低；非常灵活；性价比高；维护时效性和问题处理效率高。

其他常用的Linux服务器系统还有Ubuntu Server、CentOS、SUSE、Debian。

图 1-29

（6）Mac OS

Mac OS是一套运行于苹果电脑上

的操作系统。Mac OS是首个在商用领域成功的图形用户界面操作系统。

其优点主要有：安全性高；不会产生碎片；设置简单；稳定性高。缺点有：兼容性差、软件成熟度稍低等。当然，Mac适合重度办公设计、内容生产者和商旅人士使用，如图1-30所示。

图 1-30

## 1.2.2 应用软件

除了操作系统外，用户使用的各种软件基本属于应用软件范畴。比如办公用户经常使用的Office系列、QQ系列、杀毒防毒软件、各种游戏软件等。

应用软件是运行在操作系统之上，用于满足用户工作、学习、娱乐等各种需要而由各厂商或个人开发的程序，如图1-31所示。

图 1-31

### 1.2.3 BIOS

BIOS（Basic Input Output System），全称是基本输入输出系统，属于非常特殊的操作系统，如图1-32所示，是存储在主板上的一个固化的ROM芯片里，用于与底层的硬件沟通，为计算机提供最直接的硬件设置和控制，属于操作系统与硬件的接口。

图 1-32

BIOS的主要功能是接通电源后进行硬件设备的初步检查。如果BIOS里面检测不到硬件，该硬件很有可能出现了故障。在BIOS里，可以设置一些硬件的高级参数，如启动顺序、硬盘模式、USB管理等。如果电脑出现了

问题，不妨先去BIOS里查看下，或许能快速定位故障位置。

BIOS的设置存储在一块RAM芯片上，这个芯片就是CMOS，因为可读写，而且是掉电就丢失的，所以在主板上都有一块纽扣电池为其提供电量支持，如图1-33所示。CMOS里存储的是配置信息。

图 1-33

扩展阅读：
电脑启动过程简介

## 1.3 查看电脑软件硬件信息

在电脑出现故障或者检查电脑部件是否符合配置时，需要查看电脑硬件信息。下面主要介绍通过软件查看电脑硬件及软件信息的方法。电脑硬件信息的查看可以直接查看各硬件标签，也可以使用操作系统自带的程序，或者通过第三方软件进行更加全面的检查。

## 1.3.1 使用BIOS查看

开机按"DEL"键进入BIOS，在BIOS里，或者在自检画面中，可以查看到硬件的基本信息，包括CPU、内存、硬盘等设备的主要信息。尤其是现在的UEFI BIOS里，查看更加直观方便，如图1-34及图1-35所示。

图 1-34

图 1-35

## 1.3.2 Windows中查看

扫一扫 看视频

在Windows操作系统中的"系统"界面中，可以查看CPU、内存、操作系统的相关信息，如图1-36所示。

在"设备管理器"中，可以查看到CPU、硬盘、显卡信息，硬盘的各种控制协议，磁盘的品牌，显示器、键盘鼠标等USB设备信息，声卡、网卡信息系统的各种总线信息、协议信息等。如图1-37所示。

图 1-36

图 1-37

在"磁盘管理"中，可以查看到硬盘的相关信息及进行磁盘高级操作，如图1-38所示。

图 1-38

使用命令"dxdiag"启动DirectX诊断工具，查看硬件信息，如图1-39所示。

图 1-39

### 1.3.3 使用第三方工具查看硬件

使用系统工具查看硬件信息固然方便，但是使用第三方工具则更加专业及全面。

（1）使用电脑管家查看

如图1-40所示，使用电脑管家等第三方工具查看设备信息。

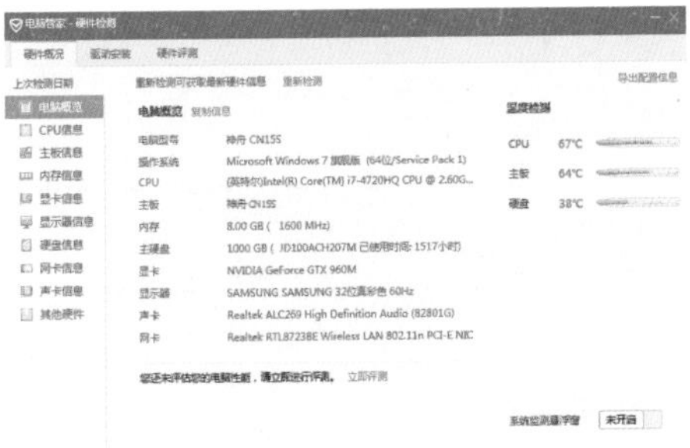

图 1-40

在这里可以通过总览查看到系统的信息、各种硬件的信息，并且可以查看到当前系统的各种传感器所检测

到机器主要部件的温度信息等，还可以进行系统及硬件的评测，十分方便。

用户还可以通过第三方工具的软件管理功能来对软件进行升级、卸载等操作，如图1-41所示。

图 1-41

（2）使用AIDA64查看

AIDA64是一款测试软硬件系统信息的工具，它可以详细地显示出PC的每一个方面的信息。

用户可以下载并使用该软件查看电脑的硬件信息，如图1-42所示。

图 1-42

而其他针对某个组件的程序，有CPU-Z、GPU-Z，硬盘检测使用的AS SSD Benchmark、HD TUNE等。

## 1.4 电脑使用环境的要求

一个良好的电脑使用环境，可以延长电脑使用寿命，减少电脑故障。

### 1.4.1 室内环境的要求

因为电脑一般在室内使用，所以室内环境的要求需要满足。

（1）保持合适的温度

计算机在启动后，各部件会慢慢升温，如果温度过高，会造成电路及零部件老化，引起脱焊等。有条件的话应该在机房内配备空调，保持室内空气流通。

（2）保持合适的湿度

电脑周围的湿度应保持在30%～80%，湿度过大会腐蚀计算机零部件，严重的会造成短路。湿度过低，容易产生大量静电，在放电时容易击穿芯片。

（3）保持环境清洁

单纯的静电可以吸附大量灰尘，影响散热，造成短路。所以要保持电脑机箱周围的清洁，定期清理。

### 1.4.2 电磁的影响

电脑对电路及干扰也有要求。

（1）保持稳定的电压

电压过高或过低都会影响电脑正常运行，因此电脑不要与空调、冰箱等大功率家电共用线路或插座，避免瞬间的电压变化造成电脑的故障。

（2）防止磁场干扰

机械硬盘采用磁介质存储数据，如果电脑附近有强磁场，会有影响磁盘存储的可能性。另外强磁场会产生额外的电压电流，容易引起显示器的故障。所以在电脑附近不要放置强磁设备、手机、音箱等。

### 知识超链接　　　固态硬盘的术语详解

固态硬盘是现在比较流行的一种硬盘，以其速度优势逐渐取代了机械硬盘的地位。在成本逐渐下降的条件下，固态硬盘已经成为电脑标配的硬盘。在接触硬盘时，经常会遇到PCIE、SATA、M2、AHCI、NVMe等各种专业术语。

（1）关于接口的解析

首先介绍M2，其实正确的写法应该是M.2，指的是一种尺寸或者代表一类插槽，如图1-43就是电脑主板上的M.2接口，这里是Socket 3插槽。

图 1-43

M.2 接口分为 Socket2 和 Socket3 两种。对应地，M.2 接口的固态硬盘也分为 Socket 2 和 Socket 3 两种。Socket 2 接口有 2 个缺口，如图 1-44 所示。Socket 3 有 1 个缺口，如图 1-45 所示。用户可以根据主板的接口选择对应接口的固态硬盘。它们之间的区别主要是传输数据的通道不同。

图 1-44

图 1-45

再介绍 SATA 接口。老式的 IDE 接口硬盘已经淘汰。常见的 2.5 英寸及 3.5 英寸硬盘主要就是 SATA 接口，如

图 1-46 所示。这里的 2.5 寸也包括常见的固态硬盘，如图 1-47 所示。

图 1-46

图 1-47

（2）关于数据通道的解析

数据通道就是数据走的路。数据通道包括了 PCIE 和 SATA 两种。这里的 SATA 指的是 SATA 数据通道，而不是上面的接口。

因为目前设备和接口基本都是 SATA3 了，所以下面介绍的都是 SATA3 数据通道。

简单地说，数据通道就是数据从硬盘通往内存所走的路，PCI-E 就像宽阔的路，数据走得快；而 SATA3 就像是一条崎岖小路，数据走得慢，如图 1-48 所示。但是 CPU 内部无法提供过多的 PCI-E，能用到的就几条。

图1-48

各种SATA设备通过接口，可以走SATA通道。PCI-E设备当然走的就是PCI-E通道了。

而M.2接口稍有些复杂，上面提到了M.2接口分为Socket 2和Socket 3，Socket 2接口的固态可以走SATA3或者PCI-E 3.0×2通道，而Socket 3接口的固态可以走PCI-E 3.0×4通道。

因为SATA3的带宽只有6Gbps，而PCI-E 3.0的带宽则有8Gbps，从理论上讲，Socket 2最高为16Gbps，而Socket 3最高为32Gbps的数据传输速度。注意：这里说的是理论上。实际中，数据的大小、存储位置和读写的特殊性都将限制该值的大小。

### （3）关于NVMe和AHCI

上面介绍了接口和数据通道的知识，NVMe和AHCI也是经常听到的。它们是一种协议规范，用来规范数据的传输规则。

AHCI是SATA的规则，当然，也可以用在PCI-E通道中。但PCI-E道路很宽，AHCI并不能发挥出优势，所以又开发出NVMe规则，可以同时让多个数据通过，效率就大大提高了。在实际中，比较高端的M2、NMVe固态，可以达到3.5GB/s。如三星970EVO，如图1-49所示。

图1-49

### （4）关于挑选固态

很多人都说M.2上固态要比SATA固态快。严格意义上来说，这个说法是错误或者不严谨的。通过上面的讲解，用户可以从数据通道看到，走PCI-E 3.0×4确实比较快，但是如果是Socket 2的M.2固态，就不一定了。所以用户在挑选时，还是要以主板支持情况为准，然后选择合适的固态硬盘。不要单纯购买价格较低的固态，一定要看清接口和支持的协议才行。用户可以在主板的M.2接口旁查看数据通道等参数信息。

用户不要过分纠结各数据通道的最大传输速度，因为这是纯理论值，影响因素无处不在。其中最重要的就是主控芯片了。好的主控，可以达到一个很高的数据传输标准，如图1-50

图1-50

所示。用户在买到固态后，也可以使用该软件测试下自己的固态是否符合正常标准。

（5）关于固态和U盘的固态

U盘和电脑用的固态是不是一样的？

两者在原理上是一致的。在结构中，都包含了主控芯片和存储颗粒。打开U盘可以看到，U盘的结构包括主控芯片和存储颗粒，如图1-51所示。

图1-51

SATA固态和M.2的固态在原理上也一样，但是在结构上略有区别，M.2固态主要芯片：固态主控芯片，如图1-52所示；固态存储颗粒，如图1-53所示；固态缓存芯片，如图1-54所示。

图1-52

图1-53

图1-54

SATA固态的基本内部结构如图1-55所示。

图1-55

两者主要区别有哪些呢？

① 主控　主控的区别主要是算法。因为固态一般有多个存储颗粒，而U盘一般只有1～2个。通过算法可以多颗粒同时存储读取，大大提高了速度。固态在这一点上要快于U盘。

② 寿命　因为U盘的存储颗粒就

1～2个，反复读写的情况下，不如有着大量颗粒的固态有更长的寿命和稳定性。

③ 速度 USB 2.0/3.0和SATA PCI-E比起来，差距还是很明显的。除了数据通道的原因外，固态硬盘是可以同时进行读写的。而U盘在同一时间只能进行一个操作。因为读需要一个电压，而写又需要一个。U盘在同一时刻只能产生一个电压，所以要么读，要么写。而在固态中，因为存储颗粒较多，主控可以控制电压，在读的同时，也可以在其他的颗粒中完成写的操作。所以固态相对于U盘而言是非常快速的。

结合以上的说法，用户可以理解，U盘相对于固态，相当于精简版，取消了SATA控制器，寻址能力也简化了，相对来说，弱了很多，当然价格也便宜了很多。

在一些网络视频中，播主们会使用工具将固态硬盘的存储颗粒拆解下来，如图1-56所示，并安放到空U盘的存储颗粒位置上去，只要主控芯片支持该存储颗粒，就可以改成U盘使用。

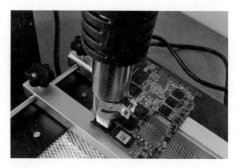

图1-56

（6）为什么固态越大速度越快

很多熟悉硬件的读者可能发现了，比如一个品牌同一系列的固态，容量越高，反而速度越快。

其实，上面已经给出了答案。一个主控芯片可以同时控制很多个存储颗粒进行读写。同一时间，16个人工作和32个人工作哪个效率高，答案显而易见。

这个类似多核CPU以及磁盘阵列。在单个硬件并没有什么提升的情况下，利用多个硬件同时协调进行工作，实际中就会发现速度变得非常快了。

第2章

# 电脑类型及选取原则

**学习目的与要求**

电脑部件的挑选和装配一直是DIY爱好者们喜闻乐见的日常活动。但对于刚入行的小白可能还是有一定难度。本章将从应用领域，向读者阐述电脑的分类、特点以及选购的原则、技巧等，使读者可以结合自己的预算以及使用情况，选择一台适合自己的电脑。

读者可以在线选购设备，通过淘宝询价，先配置一套电脑，有兴趣的读者也可以先到本地的电脑市场去拿回几套电脑配置单，然后按照本章的一些选购要点，来查看这些配置有没有问题，是否符合自己的需求。

**知识实操要点**

- ◙ 台式机与笔记本的对比
- ◙ 服务器与台式机的区别
- ◙ 品牌机与组装机的对比
- ◙ 台式机选购配置流程

## 2.1 电脑的类型及特点

电脑的分类多种多样，下面按照用户的应用领域及装配方式，向读者介绍这些电脑的特点、优缺点以及应用范围，让读者在此后的选购中可以有的放矢。

### 2.1.1 性价比超高的组装机

这是DIY市场中最常见的装机方式，也称攒机。组装机就是按照自己的需要，自主选择电脑的各种部件，然后自己或者请商家进行组装的方式，如图2-1所示。

图2-1

（1）组装机的优势

① 自由组合　可以根据自己的预算和用途，合理地搭配各种档次的硬件，进行取舍或者在投入上有所偏重。

② 自由挑选　现在各平台的价格也比较透明，而且经常有各种活动，用户可以根据实际情况，选择合适的电商平台了解和购买。

现在只要在正规电商处购买，都可以享受到全国联保服务，出现问题后可以选择本地总代或者寄回商家进行质保服务，免除了用户的后顾之忧。

③ 分享交流　在DIY过程中，可以将配置、优缺点总结出来，在各平台和论坛上与志同道合的人进行沟通，了解自身的不足及查漏补缺。各种超频设置和黑科技功能都可以与好友进行交流，如图2-2所示。

图2-2

④ 自由升级　台式电脑可以按照消费者的未来升级需求，留下扩展的空间，如升级CPU、内存、加硬盘及其他设备等，也可以随时随地添加新的硬件，而不必考虑如品牌机拆机不保的风险。

（2）组装机的缺点

接下来谈谈组装机的劣势，或者

说用户在进行DIY时，需要注意些什么。

① 匹配风险 组装机的配置和维护，需要用户对各硬件有一定了解，知道如何合理搭配。否则买回来，因为不匹配，无法使用，比如CPU和主板的配合。

所以在购买之前，需要到各种主流的硬件网站或者官方网站，查找需要购买的硬件品牌、型号，如图2-3及图2-4所示，了解各硬件的详细参数。

**主要参数**

| | |
|---|---|
| 型号 | 酷睿i9 9900K |
| 产品定位 | 高端发烧 |
| 芯片厂方 | Intel |
| 核心/线程 | 8/16 |
| 核心类型 | Ice Lake(第9代) |
| 生产工艺 | 12nm |
| 接口类型 | LGA 1151 |
| 核心电压 | 1.45V |
| 频率 | 3.6-5.0GHz |
| 二级缓存 | 2M |
| 三级缓存 | 16M |
| 兼容主板 | Z370 |

图 2-3

**主要参数**

| | |
|---|---|
| 型号 | Z390 GAMING X |
| 适用类型 | 游戏 台式机 |
| 芯片厂商 | 英特尔(Intel) |
| 芯片组或北桥芯片 | Intel Z390 |
| CPU插槽 | LGA 1151 |
| 支持CPU类型 | 支持第9代及第8代 Intel Core 处理器 |
| 主板架构 | ATX |
| 支持内存类型 | DDR4 |
| 支持通道模式 | 双通道 |
| 内存插槽 | 4 DDR4 DIMM |

图 2-4

② 兼容风险 虽然现在关于兼容方面已经做得很好了，但是由于货源、运输等方面的原因，还是存在很多不确定的因素。可能造成无法开机，或者开机报错、蓝屏的情况，如图2-5所示。

图 2-5

相对来说，品牌机本身经过了严格烤机测试并提供方便的上门服务，有一定程度的技术保障。用户也不用过分担心，现在产品已经很成熟，但在选购时一定要选择有资质的电商平台和商家，如图2-6所示。

图 2-6

此外，还应防止个别商家以次充好。

### 2.1.2 方便的笔记本电脑

笔记本电脑，如图2-7所示，一直以来也备受消费者青睐。

图 2-7

图 2-8

（1）笔记本电脑优势

① 方便携带　对于出差族或者无法固定在一个地方长时间使用，还有电脑需要的用户来说，笔记本是首选。

② 选择多样　针对不同用途产生了很多专业级的产品，如游戏本、轻薄本、商务本、影音娱乐本等，以方便不同用户的选择。另外还有特殊环境下使用的防水、防摔、防振等的专业笔记本。

③ 售后方便　和品牌机一样，笔记本基本也享受全国联保服务，有问题直接送到售后，完成检测维修，到时间取回来就可以用了。并且售后还可以帮助用户进行升级服务，如更换配件、增加需要的硬件，操作系统安装升级等，不仅专业，服务态度也是值得肯定的。

（2）笔记本电脑的劣势

笔记本电脑相对于台式组装机也有很多劣势。

① 无法轻易DIY　这是由其构造的特殊性决定的。因为要考虑体积和个性化，每个厂家都有自己的专业模具，如图2-8所示。

当然并不是说笔记本不能升级和拓展，只是说无法像台式机那样自由挑选配件进行组装，但可以更换、升级笔记本的可拆卸CPU、显卡等配件，如图2-9所示。

图 2-9

② 配件定制　笔记本配件并不像台式机那样通用，主板需要找对应型号，而如CPU、内存等都是为笔记本定制的，移动版CPU和低电压版内存如图2-10所示，用户在更换及添加硬

图 2-10

件时注意选择。

③ 散热较差　因为模具的关系，笔记本做不到组装机机箱那么大空间以及安装那么多风扇或者专业级散热。在CPU、显卡、内存等配件方面，采用了低电压版，不仅仅考虑在工作时省电，延长续航，也考虑了笔记本散热问题。

一般游戏级笔记本电脑配备了双显卡，如图2-11所示，普通情况下使用核显，以节省电量，而在游戏时，切换到独显，以便完成更复杂的计算，功耗也随之上升。

图 2-11

与组装机相比，笔记本温度更高是不争的事实。所以有条件的用户，可以配合笔记本散热器使用，如图2-12所示。最好按时进行笔记本电脑的灰尘清理工作。

图 2-12

④ 噪声过大　笔记本电脑，尤其是游戏本，在开启了独立显卡，也就是在玩游戏时，风扇的噪声会让人很烦躁。

用户只能采取休息的方法来缓解。或者在噪声特别大的情况下，考虑清理笔记本风扇和排风道的灰尘、堵塞物。

用户可以在满足工作要求的情况下选择超薄本，一般这类笔记本电脑功耗较低，所以没有安装风扇，配合单固态硬盘，可以做到纯静音。

⑤ 性价比低　和台式机相比，因为配件定制的关系，笔记本电脑的性价比较低。

（3）笔记本电脑主要分类

① 游戏本　游戏本主要为了游戏爱好者打造的集高性能CPU、独立显卡为核心的高性能笔记本，如图2-13所示。

图 2-13

② 超级本　超级本是由Intel公司定义并发展而来的一类笔记本，也可以叫轻薄本。主打的就是轻薄、时尚漂亮。尤其适合办公族以及女士使用，如图2-14所示。

图2-14

轻薄本的主要特色就是轻薄，极致地压缩了空间，完美地组合了各部件的排列。一般采用的都是核显、极为省电的低功耗CPU以及固态硬盘。功耗低，发热量小，不需要风扇，所以减小了体积，完全没有噪声干扰。

③ 商务本　商务本一般配置了较高的CPU和内存，显卡则较低或者使用核显，硬盘使用固态和机械硬盘混合模式，既保证速度，又考虑数据的存储空间。既满足续航时间长、大容量存储，也考虑了一些专业级别的应用，同时具有大量外接接口。现在的商务本还提供大量安全功能，如指纹识别、面部识别、专业级加密等，非常适合商务人士使用，如图2-15所示。

图2-15

④ 专业本　主要应用在专业领域，如DELL军用三防笔记本电脑，如图2-16所示，主要用于一些非常苛刻的环境。本身具有全封闭机壳，保证户外清晰度，带隐形的背光键盘，电阻式触摸屏，超长待机时间，配备备用电源等。

图2-16

⑤ 其他类　其他的笔记本分类包括：时尚本，主打外观；学生本，主打性价比；影音娱乐本，主打视频娱乐等休闲应用；上网本，配置很低，现在已经逐渐淘汰；平板配上键盘，就是二合一电脑，如图2-17所示，其实已经类似笔记本。这种平板根据CPU，安装了Windows系统；或者像手机一样，安装了Android系统。实际使用起来，有时甚至比笔记本更方便。

图2-17

### 笔记本显示扩展

笔记本的一大劣势就是在长时间工作时，感觉屏幕很小，看着很累，这在一些小屏的笔记本上感觉尤其明显。用户可以使用各种连接线，连接笔记本的视频输出，如VGA、HDMI、DP等接口与显示设备，如投影仪、电视、显示器等，作外接显示，如图2-18所示，配合无线鼠标和键盘，在一些简单任务处理或者影音娱乐方面，十分方便。

图2-18

将笔记本屏幕内容复制或者扩展到其他显示设备上，如图2-19所示。

图2-19

## 2.1.3 稳定的品牌机

品牌机，主要指的是专业的电脑厂商，如HP、DELL等，将电脑整体组装完毕后进行销售，并为组装电脑命名，注册商标，提供质保以及技术和售后支持的一类组装机，如图2-20所示。

图2-20

（1）品牌机的优势

① 稳定　正规厂商的品牌机在出厂前都经过严格的测试，包括烤机和抽检等。在兼容性尤其在稳定性方面都有保障。

② 方便　用户不需要专业的电脑知识、考虑硬件搭配、真假鉴别、比价等，直接购买，拆箱开机就可以使用了，特别省心。

③ 正版软件　大部分品牌机都自带正版操作系统，比如Windows 10 HOME版（如图2-21所示）以及正版的Office软件，还有些自带正版杀毒和防火墙软件，比如McAfee等。

④ 售后服务　这一点就是品牌机的优势了，如图2-22所示。虽然组装机的零部件也享受全国联保，三包服

图2-21

| 部件类型 | | 部件说明(注意:实际配置以您的产品为准) | 免费保修期限 |
|---|---|---|---|
| 主要部件 | | 主板、固定在主板上且不可与主板分割的部件、CPU独立显卡、内存、硬盘(含固态硬盘)、电源 | 3年 |
| 外设及其他部件 | | 随机配备的其他板卡,如遥控接收板无线接收卡、转接板/前置板、独立声卡视频接收卡、1394卡、独立网卡、独立无线网卡等;光驱、CPU风扇、机箱风扇读卡器、显示器、线材电源线、按键、电源适配器外挂音箱、键盘、鼠标音箱遥控器、耳麦摄像头等 | 3年 |
| 软件 | 预装软件 | 出厂时已经预装入电脑中的软件(软件的免费保修仅限于免费恢复到整机出厂预装状态,不另含调试服务) | 按国家三包规定提供1年保修 |
| | 常用软件 | 客户自行下载安装的常用软件 | 无保修 |
| 其他 | | 脚垫、显示器垫片机械装置与挡板电脑锁具等 | 无保修 |

图2-22

务,但是整机出现问题,仍需要送修。而品牌机有固定的售后服务人员,不仅技术有保证,而且明码标价,在售后期内的产品出现问题还能免费上门,这对绝大部分用户,尤其是企事业单位人员而言是十分必要的。

⑤ 美观  因为品牌机作为整体出售,不仅考虑了性能,厂商也会考虑外观。而品牌机的外观也普遍比较让人满意。

（2）品牌机的劣势

这主要是和组装机相比较而言的。

① 性价比低  同样配置的机子,一般品牌机要比组装机贵几百至上

千元不等。因为品牌机主要以整机品牌作为主打,还包括了组装费用、售后服务费用等,所以并不能只算硬件价格。

② 可扩展性弱  因为一些硬件本身就是定制的,去掉了一部分功能,成本也会下降,对于需要扩展的用户而言,就不一定能按需扩展了。另外,品牌机在质保范围内,原则上也不允许用户拆机,以防更换零部件引起售后纠纷。所以购买品牌机的客户,除了在售后进行升级外,一般都需要过了质保才能拆机,添加更换配件。

### 2.1.4  美观的一体机

一体机主要是在外形上与传统组装机和品牌机有差异,如图2-23所示。

图2-23

（1）一体机的优势

① 干净整洁  大部分选择一体机的用户主要看中这一点。一体机将主机箱和显示器进行了合并。没有杂乱的线缆的困扰。用户只需连接一根电源线即可使用。用户可以使用蓝牙或

无线键鼠进行操作。与家具搭配，清理也非常方便。

② 节省空间　因为没有了主机箱的困扰，一体机可以放置在任何位置，甚至需要时再拿来使用也行。搬运方便，节约大量室内空间。

③ 漂亮美观　这也是一体机的一大卖点。

④ 外接方便　因为所有的接口都在显示器后面（如图2-24所示），可以连接U盘、耳机、话筒、摄像头等，无须再到机箱后部寻找插拔，非常实用。另外一体机也配备了无线、蓝牙等无线功能模块，更无需线缆了。

图2-24

⑤ 售后方便　和品牌机一样，正规厂商的一体机享受和品牌机一样的售后服务策略。

（2）一体机的劣势

一体机的劣势和品牌机及笔记本电脑有些相似。

① 维修不便　一体机虽然没有笔记本电脑拆机复杂，但也需要一定的专业知识，而且出现问题，需要将后壳完全拆掉，所以需要一定的动手能力。

② 性价比低　和组装机相比，没有性价比可言。

③ 可扩展性差　和笔记本类似，如果没有可扩展接口，只能用到淘汰。

### 2.1.5 专业的工作站

工作站是一类高端的通用计算机。它提供比个人计算机更强大的性能，尤其是在图形处理、任务并行处理方面。通常配有高分辨率的大屏、多屏显示器及容量很大的内部存储器和外部存储器，具有极强的信息和高性能的图形、图像处理功能的特殊计算机，如图2-25所示。

图2-25

（1）工作站与传统电脑的区别

① 定位不同　传统电脑一般用于游戏、办公、影音娱乐等。而工作站一般应用在科研单位、设计机构等需要在图形处理和多任务并行方面有特别需求的地方。

② 硬件差异　工作站的CPU通常

使用服务器级别的，如至强高性能多核心处理器（如图2-26所示），或许不止一块CPU。传统工作站还会使用RISC架构处理器，比如PowerPC处理器、SPARC处理器、Alpha处理器等，更适合大量浮点运算或者3D渲染。普通电脑通常使用酷睿、奔腾、赛扬或者锐龙系列处理器。

图2-26

工作站会使用ECC内存。这种内存可以检测和自动纠正临时的单位内存错误，提高数据完整性和系统可靠性，适合设计、视频编辑等需要大容量内存的地方。ECC内存是没有办法和普通电脑内存兼容的，如图2-27所示。当然，现在有些高端品牌的部件增加了ECC内存的支持。

图2-27

作为图形工作站的主要组成部分，一块性能强劲的3D专业显卡的重要

性，从某种意义上来说甚至超过了处理器。

③ 扩展性强　工作站在硬件扩展性方面是很强的，内存和PCI-E插槽多、多路处理器、硬盘位和USB端口等也非常多，如图2-28所示。

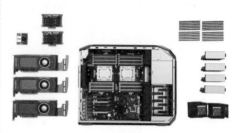

图2-28

④ 稳定性强　工作站与普通电脑相比，能够在高负载状态下长时间地稳定工作，所以对硬件的可靠性要求很高，比如电源、散热、静音等。而普通台式电脑的硬件很难在高负载状态下进行长时间工作，不少硬件都会产生一定的损耗，甚至有烧坏的可能。

⑤ 专业支持　普通电脑运行某些专业软件时可能会出现不稳定或者无法运行的情况。对于工作站来说，绝大多数专业软件开发商，比如Adobe、Avid、Autodesk等都会和工作站厂商进行合作测试，保证软件的稳定以及兼容性。

⑥ 应用范围　工作站主要应用领域有计算机辅助设计和制造、动画设计、地理信息系统、平面图像处理、模拟仿真等。

（2）工作站分类

根据体积和便携性，工作站分为

台式工作站和移动工作站。

　　台式工作站类似于普通台式电脑，体积较大，没有便携性可言，但性能强劲，适合专业用户使用。移动工作站其实就是一台高性能的笔记本电脑。但其硬件配置和整体性能又比普通笔记本电脑高一个档次。工作站配件的兼容性问题虽然不像服务器那样明显，但从稳定性和兼容性等角度考虑，通常还是需要使用特定的配件，这主要是由工作站的工作性质决定的。

## 2.1.6 特殊的服务器

　　所谓服务器，就是运行各种网络服务器系统，并提供各种网络服务的一类特殊设备。

（1）服务器分类

　　按照机箱结构进行分类，可以分为如下几种。

　　① 塔式服务器　与普通机箱类似，如图2-29所示。

图2-29

　　② 机架式服务器　外型看起来像交换机，占用空间小，灵活度高，如图2-30所示。

图2-30

　　③ 机柜式服务器　在一些高档企业服务器中，由于内部结构复杂，内部设备较多，有的还具有许多不同的设备单元或几个服务器都放在一个机柜中，这种服务器就是机柜式服务器，如图2-31所示。

图2-31

　　④ 刀片式服务器　专门为特殊应用行业和高密度计算机环境设计的，其中每一块"刀片"实际上就是一块系统母板，类似于一个个独立的服务器。在这种模式下，每一个母板运行自己的系统，服务于指定的不同用户群，相互之间没有关联。不过可以使用系统软件将这些母板集合成一个服务器集群，如图2-32所示。

图2-32

按照应用层次，可以分为：入门级服务器、工作组级服务器、部门级服务器、企业级服务器。

按照用使用领域可以分为：通用性服务器和专用型服务器。

（2）服务器与传统电脑的联系和区别

服务器和传统电脑的联系和区别主要有以下几点。

① 定制硬件　电脑主机中的硬件，服务器基本也有。服务器在硬件上包括处理器、硬盘、内存、系统总线等，但它们是针对具体的网络应用特别制定的，因而服务器与一般的计算机在处理能力、稳定性、可靠性、安全性、可扩展性、可管理性等方面存在很大差异。如在处理器方面，常见的电脑处理器有酷睿i3/i5/i7、赛扬、AMD锐龙等，都是用在消费端的，比如轻薄本、游戏本、DIY台式机。而英特尔至强系列、AMD的Naples、皓龙系列，就是专用在服务器或商用机上的。

这种处理器对工作负载进行了优化，并具有高计算力、高稳定性和高效敏捷的完美结合。

内存方面，服务器也选用了ECC的可纠错内存，硬盘选用了可长时间稳定运行的SCSI硬盘，与家用电脑的SATA硬盘有所区别。因为服务器对于显示性能不是很看重，所以很多服务器都不需要显示器，远程管理即可，因而一般服务器均使用的是集成显卡。

② 超强扩展　除了硬件的专配

外，数量上也有区别。一般个人电脑只有一个CPU，内存也就1条或2条，硬盘也一样，但服务器为了提供网络服务需要一些高性能的运算，所以可以安装多个CPU、多个内存、多个硬盘组成磁盘阵列，提高性能和安全性，如图2-33所示。

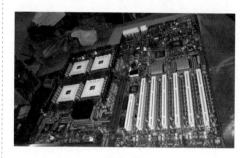

图2-33

③ 专业软件　一般家庭电脑使用的都是桌面级操作系统，如前面介绍的Windows 7、10和桌面级的Linux系统。而服务器则因为其特殊性，运行了Windows Server系列和Linux服务器系统。在此基础上，因为要打造群集、负载均衡等一些特别的功能，所以其上运行的软件也偏向于服务器管理和功能实现类的专业软件。

④ 稳定性及安全性　这是服务器的最大优势。服务器的部件如果论性能，有些可能不如普通电脑，但是，服务器在稳定性及安全性方面肯定是超过普通电脑的。因为服务器需要一直提供各种服务，如网页服务，大型门户网站全年7×24小时都可以访问，间接说明服务器也必须同时一直在运行。所以硬件特殊性就是为了满足这

种苛刻的使用环境。而家用电脑长时间运行，很容易宕机或者坏掉。

在安全性方面，家用电脑只需要装上杀毒软件。而服务器系统有一套完整的防毒杀毒、冗余备份、安全防护策略。

相对于物理故障而言，网络黑客的威胁更为致命。所以除了每台设备都有安全策略外，在网络出口处也有硬件级的防火墙在保护机房，并且在全国甚至世界范围内布置数据中心，以便达到冗余备份和负载均衡的目的。

## 2.2 电脑的选配过程

前面提到了各种类型的电脑以及服务器。对于DIY者来说，真正体现价值的就是研究硬件，研究各种搭配，研究如何DIY出一台出色的组装电脑，研究如何让电脑发挥出更高的性能。

对于新手来说，这其实就是个积累的过程。研究硬件、术语，了解匹配原则及过程后，就可以尝试组装一台自己心仪的电脑了。下面介绍一些选配方面的知识。

### 2.2.1 组装方案的制订

在进行硬件购买前，必须要制订一套切实可行的组装方案，规划后才能做到有的放矢。首先介绍制订方案需要做的一些操作。

（1）电脑的用途

电脑的用途决定了配置的方向，不同的用途也决定了不同的电脑类型。比如老年人和普通办公使用，可以选择入门级的配置；游戏发烧友主要侧重于较高的CPU和显卡性能；设计人员不仅CPU依赖较高，而且显卡也尽可能选择专业级制图显卡；超频用户则需要选择超频性能较高的硬件、散热装置。

（2）资金状况

资金决定了整体电脑的水平，而充分利用资金则需要安排好侧重点，比如需要CPU性能强劲还是高档次的显卡；是纯机械硬盘还是混合型等。在资金允许范围内，配置出符合自己的高性能电脑。

（3）个人硬件水平

水平较高，可以选择的余地就大，可以在各大电商之间游刃有余，甚至在二手市场淘到宝。而水平较低的，可以选择正规的电商，进行整机的比较和购买，或者是选择比较安稳的品牌机。

扫一扫 看视频

（4）撰写配置清单

这是这一阶段的重中之重。对于新手来说，可以在网上参考一些整机的配置，或者向高手先要一份底稿，经过讨论和询问，着手进行品牌和型号的更换，这样就不会不知所措了。

配置清单的撰写，可以使用网上的，如PCONLINE太平洋电脑网的自助装机进行硬件的搭配和比价，如图2-34所示。这里的价格仅作为参考，具体还需要到电商处查询实际的购买价。

**装机配置单**

您还未登录，登录后才能预览和发表配置。 登录

| | | |
|---|---|---|
| CPU* | Intel 酷睿i9 9900K | - 1 + |
| 主板* | 华硕PRIME Z390-P | - 1 + |
| 内存* | 金士顿骇客神条FURY 16GB DDR4 3200 (HX432) | - 1 + |
| 硬盘 | 请选择商品 | |
| 固态硬盘 | 三星980 NVMe M.2 (1TB) | - 1 + |
| 显卡 | 华硕ROG STRIX-RTX 2080Ti-O11 G-GAMING | - 1 + |
| 显示器 | AOC U27U2 | - 1 + × |
| 机箱 | 鑫谷开元T1 | - 1 + |
| 电源 | 航嘉MVP K750 (2020版本) | - 1 + |
| 散热器 | 酷冷至尊冰神G360 RGB | - 1 + |

图2-34

### 2.2.2 主要的选购原则

在完成了配置单的情况下，可以在实体店或者电商处对硬件进行选购。

（1）确定品牌

在选购的过程中，有可能只有一些大致的配置，如主板的Z390，那么不同的品牌都有Z390，同一品牌的Z390还有不同的型号。在选取时，不要只考虑价格，也一定要选择比较过硬的品牌商，如华硕、微星等，他们有完整的售后服务体系，产品质量也有保障。

（2）配置参数

同样的型号，下面还细分为更多，用户在选择时，不仅要满足硬件支持，还要比较一些配置细节，了解详细的配置参数。

（3）售后

除了性能、价格外，再有就是比较售后策略。当然现在各著名硬件厂商在竞争中，逐渐形成了差不多的售后策略。如果用户选购了一些比较冷门厂商的产品，一定要谨慎了解产品的售后服务策略，有条件的，可以了解产品的保修期、收费标准、上门服务标准等。

**知识超链接** 有效规避整机的选购风险

在网上有另外一种主机销售模式，卖家选购硬件组装完毕后，将电脑配置写在产品介绍中，向买家销售。买家也可以在该套配置的基础上，更换配置内容，添加硬件等，非常人性化且灵活。一些卖家在硬件质量和搭配上确实非常用心，逐渐做大，形成自己的品牌。而一小部分卖家却利用买家不了解电脑，没有经验等因素，套路买家。下面向读者介绍一些电商常用的套路，希望读者了解后，在选购电脑时多留心，以免落入卖家的套路中。

### （1）夸大性能

不少电商为了夸大机器的性能，语言无所不用其极，如"军工级""性能怪兽""畅玩"等，在CPU中非常常见。实际上，采用的是服务器至强系列老款CPU。服务器CPU线程多，但追求的是稳定性，其实单核性能并不如桌面级的CPU高。现在大部分游戏，对多核心并不多"感冒"，主要还是看CPU的主频。所以主流的桌面级CPU在游戏性能上的表现是要强于服务器CPU的。他们使用的服务器CPU大多数是从国外服务器上退役下来的，利润空间非常大，而性能非常低，所以有"洋垃圾"的说法。

### （2）缩水配件

卖家鼓吹当前使用的XX大厂的硬件，间接透漏出硬件的档次很高，这在主板领域较常见。初看没有问题，而且品牌确实是大厂的。但仔细推敲后，会发现，这些主板是所谓的"专供版"，相对于正常消费市场的版本，会存在缩水的情况，如供电模块、用料、接口、功能上，都不如常规版。短时间看不出区别，但是长期使用，不能保证其稳定性，专供版型号在官网有可能都查询不到。所以用户一定要特别仔细分辨。

### （3）杂牌配件

专供版在性能上有缩水，但毕竟是大厂产品，质量还是有一定保障的。但一些电商，会在其他配件上，使用闻所未闻的品牌，或者名称与大厂类似的品牌。对于"小白"来说，非常容易混淆，并落入到电商的陷阱中。这些产品利润非常高，但质量根本没有保障。

### （4）虚假跑分

"小白"经常会按照跑分来衡量计算机的性能。有些无良电商经常利用这一点，用低版本的软件进行跑分，或者干脆P一张跑分图片放在上面，来吸引买家。

### （5）搭配混乱

用高版本的CPU作为噱头，但主板使用的是入门的基础版，这样的搭配完全发挥不了CPU的性能，而他们只关心可以从主板中赚得更多利润。

### （6）以旧充新

以老版本，如3代、4代的i7，按照新版本来卖，"小白"知道i3、i5、i7，却不知道现在已经到了10代，老版本的CPU已经淘汰多年，基本上都是拆下来的二手配件，利润巨大，而且时间过长，根本无法质保。

# 硬件篇

电脑组装与维修
一本通

### 学习目的与要求

在第1章中，简单介绍了电脑内部硬件和外部组件的种类。从本章开始，将向读者详细介绍电脑主要硬件的参数、含义以及选购的技巧和方法。

CPU作为电脑的核心，为广大用户所熟知。那么CPU到底是什么？有哪些重要参数需要注意？选购时又需要注意哪些呢？本章将就上面的问题向读者详细介绍。建议用户先查询自己的CPU各参数，详细了解所使用的CPU参数信息。

第3章

### 知识实操要点

- ◎ Intel公司酷睿系列CPU
- ◎ AMD公司锐龙系列CPU
- ◎ CPU的主要参数及选购技巧
- ◎ CPU散热器的主要分类

# CPU主要
# 参数及选购

## 3.1 CPU简介

CPU，作为电脑的核心部件，负责整个机器的运算和处理工作，相当于人体的大脑。CPU也决定了整个电脑的性能档次。接下来将向读者介绍CPU的相关概念和知识。

CPU（Central Processing Unit），也叫中央处理器，属于整个电脑系统的运算核心和控制核心，CPU的快慢，直接关系到整个电脑的速度快慢，桌面级CPU Intel i9 9900K的外观如图3-1及图3-2所示。

防误插缺口

参数信息

安装指示标记

背面触点

图3-1                                    图3-2

用户可以按照"安装指示标记"找到主板插槽对应的标记，和"防误插缺口"一起来确定CPU的安装方向。参数信息主要用来标记CPU的制造商、类型、参数和生产地址、日期等信息。有些还带有二维码等信息。而背面是与主板的触点相对应，正确安装后，所有触点都做到一一对应，CPU才能正确工作。

## 3.2 CPU的主要制作工艺

CPU由半导体硅以及一些金属及化学原料制造而成。CPU的制造是一项极为精密复杂的过程，当今只有少数几家厂商具备研发和生产CPU的能力。首先介绍下CPU的制造工艺。

### 3.2.1 提纯硅

硅是CPU芯片的主要材料，CPU生产过程对硅纯度要求极高，在硅提纯的过程中，原材料硅将被熔化，并放进一个巨大的石英熔炉。这时向熔炉里放入一颗晶种，以便硅晶体围着这颗晶种生长，直到形成一个几近完美的单晶硅锭，如图3-3所示。

图3-3

### 3.2.2 切割晶圆

将晶圆横切成片，因为是圆柱切片，所以切下来的都是圆形片，叫做晶圆。晶圆会被划分为很多更小的区域，每个区域就是以后的一个CPU内核，如图3-4所示。接着，晶圆会被

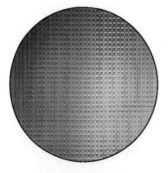

图3-4

磨光。CPU生产企业（也就是Intel和AMD）不一定生产晶圆，而从第三方企业购买成品，并继续加工。

### 3.2.3 影印

在经过热处理得到的硅氧化物层上面涂敷一种光阻（Photoresist）物质，也叫做光敏抗蚀膜或光刻胶。

### 3.2.4 蚀刻

蚀刻技术把对光的应用推向了极限。蚀刻是用波长很短的紫外光并配合很大的镜头。短波长的光将透过这些石英遮罩的孔照在光敏抗蚀膜上，使之曝光。如图3-5所示。为了避免不需要被曝光的区域受到光的干扰，必须制作遮罩来遮蔽这些区域。期间发生的化学反应类似于老式相机按下快门后胶片的变化。被紫外线照射的地方光阻物质溶解。接下来停止光照并移除遮罩，使用特定的化学溶液清洗掉被曝光的光敏抗蚀膜，露出在下面

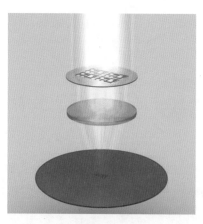

图3-5

紧贴着抗蚀膜的一层硅。这是个相当复杂的过程，每一个遮罩的复杂程度得用10GB数据来描述。

然后曝光的硅将被原子轰击，使得暴露的硅基片局部掺杂，从而改变这些区域的导电状态，以制造出N阱或P阱，结合上面制造的基片，CPU的门电路就完成了。

### 3.2.5 重复、分层

为加工新的一层电路，再次生长硅氧化物，然后沉积一层多晶硅，涂敷光阻物质，重复影印、蚀刻过程，得到含多晶硅和硅氧化物的沟槽结构。重复多遍，形成一个3D的结构，这才是最终的CPU的核心。每几层中间都要填上金属作为导体。

### 3.2.6 晶圆测试、切片、分级

晶圆制作完成后，需要进行测试。这一步将测试晶圆的电气性能，检查是否出了差错。接下来，将晶圆切割成块，每一块就是一个处理器的内核。如图3-6所示。

图 3-6

测试过程中发现的有瑕疵的内核被抛弃，留下完好的准备进入下一步。晶圆上的每个CPU核心都将被分开测试。可以鉴别出每一颗处理器核心的关键特性，比如最高频率、功耗、发热量等，并决定处理器的等级，如果性能好且稳定的话，作为高端处理器内核，否则按照核心的稳定频率，进行锁频后封装再作为中段处理器销售，接下来完成整个系列的分级。

### 3.2.7 封装

这时的CPU是一块块晶圆，还不能直接被用户使用，必须将它封入一个陶瓷的或塑料的封壳中，如图3-7所示。这样就可以很容易地装在一块电路板上了。封装结构各有不同，但越高级的CPU封装也越复杂，新的封装往往能带来芯片电气性能和稳定性的提升，并能间接地为主频的提升提供坚实可靠的基础。

图 3-7

### 3.2.8 出厂测试及包装

最终出厂前，会进行最后的测试，没有问题则根据等级测试结果将同样级别的处理器放在一起装运。制造、测试完毕的处理器要么批量交付给OEM厂商，要么放在包装盒里进入零售市场。

## 3.3 CPU的主要系列及代表产品

本节将介绍Intel和AMD的CPU，包含主要的系列、特点及代表产品。

### 3.3.1 Intel公司主要CPU系列及产品

Intel公司的CPU主要包括：服务器的至强（XEON）系列；物联网设备使用的Quark系列；手持设备等低功耗平台使用的凌动（ATOM）系列；入门级使用的赛扬（Celeron）处理器；中低需求的奔腾（Pentium）处理器，以及主流的酷睿（Core）处理器。

接下来主要介绍组装机经常使用的赛扬、奔腾、酷睿系列处理器。

（1）赛扬系列

赛扬系列的标志如图3-8所示，是英特尔低端CPU系列，主要以价格优势和较强的稳定性吸引了办公和文字编辑等一系列入门级用户，在入门级家用机市场也很有优势。

主流产品包括：G4950、G4900、G4930、G4930T、G4900、G4900T、G4920、J4005、N4100等。用户可以登录官方网站或者其他硬件平台，查询具体参数。

（2）奔腾系列

奔腾处理器是Intel公司在1992年10月发布的，并在1993年3月正式推向市场。奔腾处理器中有两条数据流水线，可以同时执行两条指令，其实就是超线程技术。该技术使奔腾处理器能以每周期两条指令的速率更快地工作。

奔腾属于英特尔中低端CPU系列，主要面向基础办公、娱乐用户。奔腾系列CPU的主要特点是性价比高，缺点是有高不成低不就之嫌。

考虑到以G4560为代表，由七代酷睿家族衍生出来的桌面奔腾处理器良好的性能表现，英特尔决定为它们冠以"金牌奔腾"的称号，如图3-9所

图3-8

示。2017年年底（11月后）上市的桌面奔腾处理器（盒装）的包装LOGO和说明书上，将"桌面处理器"改为"Intel Pentium Gold 桌面处理器"，PCB模具背景色也变成了金黄色。

图3-9

同时，英特尔针对超低价位的NUC类迷你电脑和一体电脑等高集成度入门PC定制了Gemini Lake平台，首发型号为J5005，并被冠以"Pentium Silver"（银牌奔腾）的称号，如图3-10所示。

图3-10

主流产品包括：G5620、G5400、G5600T、G5420T、G5420、G5500、G5400T、G5500T、G5600等。从赛扬和奔腾的参数可以看出，赛扬和奔腾主要针对的是中低端应用平台，功耗较低，集成的显示核心也不太强劲，适用于普通影音娱乐和普通办公场合。而三级缓存和超线程仍然是奔腾高于赛扬的优势所在。

（3）酷睿系列

酷睿也属于Intel推出的桌面级系列CPU产品，是英特尔公司推出的面向中高端消费者、工作站和发烧友的一系列CPU。酷睿系列的CPU目前主要有i3、i5、i7、i9系列产品，目前主流产品为9、10代酷睿处理器。

主流产品包括i9-9900K、i7-9700K（如图3-11所示），i3-9300、9300T、9100、9100T、9350K、9320、8300、8300T等，i5-9500、9600、9400、9600K、9400T、9500T、9600T等，i7-9700、9850、9850H、9750H、8565U、8086K、8500Y、8700。

图3-11

**第十代酷睿产品**

包括i3、i5、i7在内，都推出了第十代酷睿产品，第十代英特尔酷睿处理器是首款支持将AI功能应用于轻薄笔记本电脑和2合1电脑的专用处理器。英特尔深度学习加速技术是一套全新的专用指令集，可在CPU上加速神经网络，为自动图像增强、照片索引、逼真声效等各种场景提供最大的响应速度。

第十代产品包括了i3-1005G1、1000G1/G4，i5-1035G1/G4/G7、1030G1/G4，i7-1065G7、1068G7、1060G7等型号。

**（4）X系列**

酷睿X系列顶级产品，如图3-12所示。在上代基础上提升频率，增加核心与缓存，改用钎焊等，仍是最多18个核心，但面对最多32核心的AMD线程撕裂者系列CPU也毫不逊色。

图3-12

酷睿X系列和Xeon至强如今都是

Mesh网格架构设计，更有利于多核心扩展（8～28个），核心之间的通信非常低，对外扩展也非常灵活。

新一代酷睿X系列的核心数量还是8～18个，68条系统PCI-E总线（其中处理器44条/芯片组24条）、四通道DDR4-2666内存、支持傲腾这些都没变，同时继续搭配X299芯片组主板（接口不变LGA2066），但是频率更高了。

热设计功耗方面，之前14核心及更高是165W，往下是140W，这次规格提升之后全部都是165W。

主流产品包括i9-9980XE，i9-9990XE、9960X、9940X、9920X、9900X、9820X，i7-9800X等。

### 3.3.2 AMD公司主要CPU系列及产品

美国AMD半导体公司专门为计算机、通信和消费电子行业设计和制造各种创新的微处理器（CPU、GPU、APU、主板芯片组、电视卡芯片等）以及提供闪存和低功率处理器解决方案，公司成立于1969年。AMD致力于为技术用户，从企业、政府机构到个人消费者，提供基于标准的、以客户为中心的解决方案。

AMD公司主要产品包括服务器使用的EPYC（霄龙）、皓龙系列处理器，笔记本使用的特殊型号，台式机使用的FX系列、速龙系列、A系列、锐龙系列、线程撕裂者系列，以及商用PRO处理器系列（整机进行销售，不进入零售市场）。其他的还有闪龙系列等。

（1）速龙系列

属于AMD入门级别的CPU，适合日常办公娱乐、普通办公使用。主流产品如下。

① 240GE　该系列都带有核显，双核四线程，3个GPU核心，基础频率3.5GHz，三级缓存4MB，AM4封装，TDP35W，支持2667MHz内存，核显型号：Radeon Vega 3 Graphics。其他还有220GE、200GE，如图3-13所示。

图 3-13

② 速龙X4 970　该系列没有集成显卡，相比较而言，用户可以自己选择一些高性能显卡。该CPU为四核心四线程，基准频率3.8GHz，最大加速频率为4GHz，总二级缓存为2MB，AM4封装协议、TDP为65W，支持DDR4 2400。其他型号还包括X4 940、950、870。

（2）APU系列

现在基本面向入门级用户，也自带核显，目前最新的为第七代。APU出现时，最大亮点就是自带核显。主流产品如下。

① A12-9800　如图3-14所示，该CPU为4核，GPU为8核，基准频率为3.8GHz，最大加速频率为4.2GHz，二级缓存总计2MB，不锁频，采用AM4封装格式，TDP为65W，支持DDR4 2400MHz，显卡型号为Radeon R7 Series。

图 3-14

② A10-9700　如图3-15所示，为4核心，GPU为6核心，基准频率3.8GHz，最大加速频率4.2GHz，不锁频，AM4封装，TDP为65W，支持DDR4 2400MHz。

图 3-15

其他常见的APU型号还有7th Gen A12-9800E、A10-9700E、A8-9600、A6-9550、A6-9500、A6-9500E等。

（3）FX系列

也就是我们常说的推土机系列。在A3+平台上为消费者提供多达8核心的计算能力。但是因为平台更新的关系，建议读者仅参考即可。

常见产品为FX-9590，如图3-16所示。32nm制作工艺，采用AM3+接口形式，主频4.7GHz，动态加速频率5GHz，8核心8线程，二、三级缓存皆为8MB，TDP高达219W，内存为DDR3 1866MHz。

图 3-16

其他常见的FX系列的其他CPU型号还有：FX-9370、8370E、8370、8350、8320、8300、6350、6200、6100、4350、4320等。

（4）锐龙系列

AMD的主打，和Intel的酷睿系列一直在桌面级平台进行着角逐。现在已经发展到第三代锐龙技术，和Intel酷睿的命名类似，AMD的锐龙系列也分为3、5、7、9以及高端的线程撕裂者系列，以便针对不同的客户群和不同的需求者。常见产品介绍如下。

① Ryzen 9 3950X　如图3-17所示，第三代锐龙支持PCIe 4.0平台，并且配备"幽灵"棱镜散热器，"Zen"核心架构，AMD StoreMI技术以及强大的超频工具。建议上X570主板。

图 3-17

 术语解释

**全新的Zen 2架构**

以3950X为例，Zen 2架构如图3-18所示。

图 3-18

一颗Ryzen 9 3950X处理器中搭载了两个7nm工艺、8核心的Zen 2晶圆（上方较小的方块）和

一个12nm的I/O控制器晶圆（下方较大的方块）。

Zen 2的设计理念或者原则主要有4条：一是结合新工艺成为世界上首个7nm工艺的高性能x86 CPU，二是在核心执行能力方面全方位增强以提升IPC，三是增强硬件安全性，四是新一代Infinity Fabric互联总线实现配置和性能的模块化和灵活性。简单来说有架构大幅革新、分支预测改进、整数吞吐提升、浮点模块翻番、内存延迟降低、三级缓存容量翻番、频率大幅提高、系统和软件优化等特点。

② Ryzen 7 3800X　如图3-19所示是7中的王者，8核心16线程，基础频率3.9GHz，最大加速频率4.5GHz，一级缓存64KB，总二级缓存4MB，三级缓存32MB，不锁频，AM4封装，支持PCIe 4.0，TDP为105W，支持DDR4 3200MHz内存。

图3-19

其他产品还包括Ryzen 7 3700X、2700X、2700、2700E、1800X等型号。

③ Ryzen 5 3400G　如图3-20所示，这款是个比较特殊的型号，因为有些关心APU的读者可能感觉A10以后没新产品了。其实，官方已经不叫APU了，取而代之的应该就是这类集成了GPU的锐龙产品。

图3-20

4核心8线程，GPU核心11个，基准频率3.7GHz，最大加速频率4.2GHz，一级缓存384KB，二级缓存2MB，三级缓存4MB，不锁频，AM4封装，PCI-E 3.0，TDP为65W，支持DDR4 2933。核显型号为Radeon RX Vega 11 Graphics，频率为1400MHz。其他5系列还有3600X、3600、2600X、2600、2600E、2500X，以及带有核显的2400G、2500GE等。

锐龙3属于入门级产品，包括2300X、1300X、1200，以及带有核显的3200G、2200G、2200GE。

（5）Threadripper

其实就是常说的线程撕裂者，属

于AMD高端处理器，可以释放多达32核心64线程的超强处理器。采用了动态本地模式、12nm"Zen+"架构、AMD SenseMI等先进技术，配备最近的X399平台。

代表产品为2990WX，如图3-21所示，背面如图3-22所示。32核心64线程，基准频率3GHz，最大加速频率4.2GHz，3MB一级缓存，16MB总二级缓存、64MB三级缓存，不锁频，sTR4接口，TDP250W，支持DDR4 2900MHz。背面一共4096个触点，因为独特的接口，所以需要新型主板的支持。

其他的撕裂者还有2950X、2920X。

图3-21

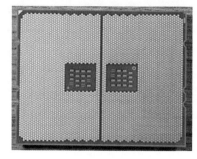

图3-22

## 3.4 CPU的主要参数

CPU的档次也决定着整台主机的档次。所以，在挑选CPU时，除了要了解购买目的外，还要结合CPU的参数信息，综合考虑后，进行选择。

接下来将重点向读者介绍一些CPU参数的基本知识。

### 3.4.1 CPU 频率

CPU的频率也就是CPU工作时的速度，一定程度上代表了CPU的性能指标。CPU频率由以下因素组成。

（1）主频

主频也叫时钟频率，单位是兆赫（MHz）或千兆赫（GHz），用来表示CPU的运算、处理数据的速度。通常，主频越高，CPU处理数据的速度就越快。

CPU的主频=外频×倍频系数。主频和实际的运算速度存在一定的关系，但并不是一个简单的线性关系。所以，CPU的主频与CPU实际的运算能力是没有直接关系的，还要看CPU的流水线、总线等各方面的性能指标。

（2）外频

外频是CPU的基准频率，单位是MHz。其实外频的任务就是让电脑里的各个部件保持同步。外频是由芯片组提供的，芯片组基本任务是担当CPU与电脑中其他部件之间的协调者。

外频往往比CPU的主频和内存频率低很多，一般常见的默认外频值只有100MHz。不过，这对某些可能存在的超低速控制器之类的来说，已经足够快了。但对于CPU主频来说，其实是很慢的。这就是为什么处理器使用倍频让它在每个由外频确定的系统周期中运行多个周期。

通俗地说，在台式机中所说的超频，都是超CPU的外频。CPU决定着主板的运行速度，直接关系到内存的运行频率，两者是同步运行的。绝大部分电脑系统中外频与主板前端总线不是同步速度的，很容易被混为一谈。

（3）倍频

倍频是指CPU主频与外频之间的相对比例关系。在相同的外频下，倍频越高CPU的频率也越高。但实际

图 3-23

上，在相同外频的前提下，高倍频的CPU本身意义并不大。因为CPU与系统之间数据传输速度是有限的，一味追求高主频而得到高倍频的CPU就会出现明显的"瓶颈"效应：CPU从系统中得到数据的极限速度不能够满足CPU运算的速度。一般除了工程样板的Intel的CPU都是锁了倍频的。

扫一扫 看视频

读者可以通过CPU-Z软件，查看CPU的各种信息。这里可以看到CPU的各种频率，如图3-23所示。

其中的"总线速度"就是上面提到的外频，所以核心速度（主频）＝总线速度（外频）× 倍频。

### 3.4.2 CPU 接口

CPU需要通过接口与主板连接才能进行工作。CPU经过这么多年的发展，采用的接口方式有引脚式、卡式、触点式、针脚式等。CPU接口类型不同，在插孔数、体积、形状都有不同。

不得不提的是Intel公司在2004年起采用了LGA架构，最明显的就是CPU的针脚变成了触点，通过主板的扣架来固定CPU。早期的Intel CPU背部的插针，现在都改到了主板上。AMD的针脚仍然还在CPU上

现在主流的CPU，如i9 9900K，采用的就是LGA封装模式的1151触点的接口，如图3-24所示。其他采用该接口模式的还有i5 9400F、i7 9700K、i3 9100F等。

图 3-24

用户可以在网上查询到所需接口的所有CPU信息，如图3-25所示。

图 3-25

还有高端的X系列，如i9 7980XE至尊版采用的LGA 2066接口，如图3-26所示，可以和1151对比。

图 3-26

其他的Intel常见接口还有1150、1155、1170等。

AMD常见的接口包括Socket TR4、AM4、AM3+、AM3、FM2+、FM2、FM1等。其中，3900X使用常见的AM4接口，如图3-27所示。

图 3-27

术语解释

### CPU封装技术

前面说了CPU的制造工艺，在出厂时会进行CPU的封装。CPU信息上常写着LGA，这就是一种现在最常见的封装方式——栅格阵列封装。

"CPU封装技术"是一种将集成电路用绝缘的塑料或陶瓷材料打包的技术。实际看到的CPU体积和外观并不是真正的CPU内核的大小和面貌，而是CPU内核等元件经过封装后的产品。

目前采用的CPU封装多是用绝缘的塑料或陶瓷材料包装起来，能起到密封和提高芯片电热性能的作用。由于现在处理器芯片的内频越来越高，功能越来越强，引脚数越来越多，封装的外形也在不断改变。

主流封装技术有DIP封装、QFP封装、PFP封装、PGA封装、BGA封装、LGA封装等。之前所说的以前使用的CPU，采用的就是针脚在CPU上PGA（插针网格阵列）封装，如图3-28所示。

图3-28

还有一种BGA（焊球阵列）封装技术，是目前非常常见的封装方式，包括手机、电脑上的很多芯片都是采用BGA的封装方式，这种封装方式的好处就是可以节省空间，而且可以保证产品运行的稳定性。如笔者使用的笔记本CPU就是采用BGA封装，一些芯片也可以做到BGA封装，如BGA模式封装的SSD芯片，如图3-29所示。

图3-29

### 3.4.3 CPU缓存

缓存指可以进行高速数据交换的区域，缓存大小也是CPU的重要指标之一，而且缓存的结构和大小对CPU速度的影响非常大。缓存的容量较小，但是运行频率极高，一般是和处理器同频运作，工作效率远远大于系统内存和硬盘。

实际工作时，CPU要读取数据，首先从高速缓存中查找，找到了就直接使用，否则从内存中查找，然后将其放入缓存中。因为高速缓存速度极快，直接提高了CPU的处理和运算能力。

L1 Cache（一级缓存）是CPU第一层高速缓存，分为数据缓存和指令缓存。内置的L1高速缓存的容量和结构对CPU的性能影响较大，不过高速缓冲存储器均由静态RAM组成，结构较为复杂，在CPU管芯面积不能太大的情况下，L1级高速缓存的容量不能做得太大。

L2 Cache（二级缓存）是CPU的第二层高速缓存，分内部和外部两种芯片。内部的芯片二级缓存运行速度与主频相同，而外部的二级缓存则只有主频的一半。L2高速缓存容量也会影响CPU的性能，原则是越大越好。

L3 Cache（三级缓存）分为两种，早期的是外置，现在集成在CPU中。三级缓存在速度上不及1、2级缓存，但是在容量上却大得多。目前主流的CPU三级缓存在8MB左右。

### 3.4.4 CPU动态加速

Intel称之为睿频技术，而AMD则称为Turbe CORE，就是动态超频技术。

以睿频为例，睿频是指当运行一个程序后，处理器会自动加速到合适的频率，如一个额定频率3GHz，睿频可达3.5GHz的处理器，在处理TXT文档的时候，只会用到1GHz而已，但是当运行大型游戏的时候，它可以自动加速到3.5GHz，换句话说，睿频其实就是临时的超频。注意：是临时，而后会随着应用负荷降低而降低回去。

**睿频与超频的区别**

（1）睿频

CPU根据实际运行程序的需求，动态地增加处理器的运行频率来提高处理器的性能，同时保持处理器继续稳定运行在规定的功耗、电流、电压和温度范围内，如果CPU出现故障，是享受质保的。睿频是CPU自动实现的，无需人工设置，并且CPU运行稳定。

（2）超频

用户强制CPU所有内核运行在比额定频率高的频率上，功耗、电流、电压和温度都可能超出规定范围，如果出现损坏，有可能无法享受质保。超频需要调整各种指标，比如电压、散热、外频、

电源、BIOS等，容易出现系统不稳定的情况。而且超频还需要良好的散热系统，配合大功率电源保障硬件才能在高负载条件下运行而不会宕机。

### 3.4.5 CPU TDP

TDP的英文全称是"Thermal Design Power"，中文直译是"散热设计功耗"，主要是提供给电脑系统厂商、散热片/风扇厂商以及机箱厂商等进行系统设计时使用的。一般TDP主要应用于CPU，TDP值对应CPU满负荷（理论上的CPU利用率为100%）可能会达到的最高散热量，散热器必须保证在处理器TDP最大的时候，处理器的温度仍然在设计范围之内。

所以这里应该明确，TDP并不是CPU的功耗指标，只表示CPU正常工作条件下发散的热量指标，对于散热器的选择来说，是非常有参考意义的。

### 3.4.6 CPU超线程技术

在单个CPU频率提升已经到了极限，或者说，再继续提升单个CPU的频率的性价比越来越低的情况下，CPU厂商提出了多核心。在多核心出现后，又出现了CPU无法被充分利用的情况，厂商就开发出了超线程技术。

超线程技术就是利用特殊的硬件指令，把两个逻辑内核模拟成两个物

理芯片，让单个处理器都能使用线程级并行计算，进而兼容多线程操作系统和软件，减少了CPU的闲置时间，提高了CPU的运行效率。

虽然采用超线程技术能同时执行两个线程，但它并不像两个真正的CPU那样，每个CPU都具有独立的资源。当两个线程都同时需要某一个资源时，其中一个要暂时停止，并让出资源，直到这些资源闲置后才能继续。因此超线程的性能并不等于两颗CPU的性能。

需要注意的是，含有超线程技术的CPU需要芯片组、软件支持，才能

较理想地发挥该项技术的优势。

### 3.4.7 CPU虚拟化技术

虚拟化是一个广义的术语，在计算机方面通常是指计算元件在虚拟的基础上而不是真实的基础上运行。虚拟化技术可以扩大硬件的容量，简化软件的重新配置过程。

CPU的虚拟化技术可以单CPU模拟多CPU并行，允许一个平台同时运行多个操作系统，并且应用程序都可以在相互独立的空间内运行而互不影响，从而显著提高电脑的工作效率。

## 3.5 CPU选购技巧

在了解了CPU的一些基本信息后，下面将介绍一些CPU的选购技巧。

### 3.5.1 CPU天梯图

CPU天梯图是热心网友或者互联网公司收集整理CPU信息，并按照CPU综合性能，总结出一张表，自上而下罗列了CPU的排行，方便用户了解、选购、使用。在购买CPU前，可以查看该图。

用户可以在其中查找自己所需，或者已经购买的CPU在哪个档次中，前面有哪些可以以后升级或者前面的是不是比用户选择的更具性价比等。

### 3.5.2 CPU接口与主板对应

CPU最终是安装到主板上的，而且不同型号的主板对应着不同的芯片组，只有对应的芯片组才能支持相对的CPU的各项功能。所以CPU经常在换代时更换接口数量，一方面为了更好地发挥CPU的性能，另一方面也为了对应新型的主板。

所以用户在选购CPU时，除了确定CPU的频率是否满足要求外，还应根据CPU的接口信息、架构等来确定

主板的型号范围，如表3-1所示，为Intel第九代CPU和主板芯片组的搭配对照表，用户可以从中查找对应的CPU型号和主板对应关系。

表 3-1

| CPU 型号 | 架构 / 插槽 | 核心 / 线程 | 可搭配主板 | 推荐主板 |
|---|---|---|---|---|
| 酷睿 i9-9880XE | Skylake X（LGA2066） | 18/36 | X299 | X299 |
| 酷睿 i9-9960X | Skylake X（LGA2066） | 16/32 | X299 | X299 |
| 酷睿 i9-9940X | Skylake X（LGA2066） | 14/28 | X299 | X299 |
| 酷睿 i9-9920X | Skylake X（LGA2066） | 12/24 | X299 | X299 |
| 酷睿 i9-9900X | Skylake X（LGA2066） | 10/20 | X299 | X299 |
| 酷睿 i9-9820X | Skylake X（LGA2066） | 10/20 | X299 | X299 |
| 酷睿 i7-9800X | Skylake X（LGA2066） | 8/16 | X299 | X299 |
| 酷睿 i9-9900K（-F） | Coffee Lake（LGA1151） | 8/16 | Z390/Z370/B360/H310 | Z390 |
| 酷睿 i9-9900 | Coffee Lake（LGA1151） | 8/16 | Z390/Z370/B360/H310 | B360 |
| 酷睿 i7-9700K（-F） | Coffee Lake（LGA1151） | 8/8 | Z390/Z370/B360/H310 | Z390 |
| 酷睿 i7-9700（-F） | Coffee Lake（LGA1151） | 8/8 | Z390/Z370/B360/H310 | B360 |
| 酷睿 i5-9600K（-F） | Coffee Lake（LGA1151） | 6/6 | Z390/Z370/B360/H310 | Z390 |
| 酷睿 i5-9600（-F） | Coffee Lake（LGA1151） | 6/6 | Z390/Z370/B360/H310 | B360 |
| 酷睿 i5-9500（-F） | Coffee Lake（LGA1151） | 6/6 | Z390/Z370/B360/H310 | B360 |
| 酷睿 i5-9400（-F） | Coffee Lake（LGA1151） | 6/6 | Z390/Z370/B360/H310 | B360 |
| 酷睿 i3-9350K（-F） | Coffee Lake（LGA1151） | 4/4 | Z390/Z370/B360/H310 | Z390 |
| 酷睿 i3-9300/9320 | Coffee Lake（LGA1151） | 4/4 | Z390/Z370/B360/H310 | B360 |
| 酷睿 i3-9100（-F） | Coffee Lake（LGA1151） | 4/4 | Z390/Z370/B360/H310 | B360 |
| 奔腾 G5600（-F） | Coffee Lake（LGA1151） | 2/4 | Z390/Z370/B360/H310 | H310 |
| 奔腾 G5620 | Coffee Lake（LGA1151） | 2/4 | Z390/Z370/B360/H310 | H310 |
| 奔腾 G5420 | Coffee Lake（LGA1151） | 2/4 | Z390/Z370/B360/H310 | H310 |
| 赛扬 G4930 | Coffee Lake（LGA1151） | 2/2 | Z390/Z370/B360/H310 | H310 |
| 赛扬 G4950 | Coffee Lake（LGA1151） | 2/2 | Z390/Z370/B360/H310 | H310 |

### 3.5.3 解读CPU信息

在购买CPU时会看到CPU上面标出了很多英文数字和字母。下面介绍这些信息的含义。

（1）Intel CPU

以Intel i9-9900K为例，如图3-30所示，其中：

图3-30

INTEL是CPU生产公司；CORE™ i9是该系列的名称，是酷睿系列中的i9系列。

i9-9900K是该CPU的型号，i9是系列号，9指的是i9九代核心。相似的如i7-8700K，指的就是第8代核心，以此类推。

紧接着的三位数字基本上就是Intel SKU型号划分，一般来说Core i7有固定几个SKU，比方说700；Core i5有600/500/400；Core i3有300/100等。一般来说数字越大说明隶属的Core系列越高级，同级别下比较，数字越大频率越高，性能就越强，比如Core i5-8600默认3.1GHz，睿频4.3GHz，比Core i5-8500默认3.0GHz，睿频4.1GHz要强。

型号后的字母K，指的是不锁倍频，类似的有：

● XE代表同一时代性能最强CPU；

● X代表发烧级别产品；

● S代表该处理器是功耗降至65W的低功耗版桌面级CPU；

● T代表该处理器是功耗降至45W的节能版桌面级CPU；

● F没有核显，需要独立显卡支持；

● M代表标准电压，CPU是可以拆卸的；

● U代表低电压节能的，可以拆卸的；

● H是高电压的，焊接的，不能拆卸；

● X代表高性能，可拆卸的；

● Q代表至高性能级别；

● Y代表超低电压的，不能拆卸。

SRELS是CPU内部开发代号；3.60GHz是CPU的默认主频；L834F881是CPU的序列号。

（2）AMD CPU

AMD的CPU，尤其是锐龙系列的命名与Intel的酷睿命名有些相似。

比如3800X，如图3-31所示，其中，Ryzen7代表锐龙7系列，ZEN内核，3代表第三代。

图3-31

接下来的三位数字就是AMD CPU的SKU，Ryzen 7有800/700，Ryzen 5有600/500/400，Ryzen 3有300/200。数字越大，频率越高，在Ryzen 5里面甚至会有更多核心和线程。

最后是后缀，没有后缀的，不支持XFR技术。其中：

● X：支持XFR技术，自适应动态扩频，除了睿频以外，还能让CPU工作在高于睿频频率的工作状态，而频率的最大值随散热器散热效果而变化，简单来说就是，散热器越强，频率越高。

● U：面向轻薄笔记本产品，超低功耗，TDP仅15W，还集成了Vega核显。

## 3.5.4 CPU与内存的搭配

不同的CPU对于内存频率的支持是不同的，所以在挑选或者挑好CPU后，需要参考CPU对内存的支持代数和频率，这个可以在各个硬件网站上查到，如图3-32所示。然后再查看主板对内存的支持，综合这两方面的情况，再去挑选内存。

**内存参数**

| 支持最大内存 | 64GB |
| --- | --- |
| 内存类型 | DDR4 2666MHz |
| 内存描述 | 最大内存通道数：2<br>最大内存带宽：41.6GB/s<br>ECC内存支持：否 |

图3-32

## 3.5.5 盒装与散装的区别

从技术角度而言，散装和盒装CPU并没有本质的区别，至少在质量上不存在优劣的问题。对于CPU厂商而言，其产品按照供应方式可以分为两类，一类供应给品牌机厂商，另一类供应给零售市场。面向零售市场的产品大部分为盒装产品，而散装产品则部分来源于品牌机厂商外泄以及代理商的销售策略。

从理论上说，盒装和散装产品在性能、稳定性以及可超频潜力方面不存在任何差距，但是质保存在一定差异。一般而言，盒装CPU的保修期要长一些（通常为三年），而且附带有一只质量较好的散热风扇，因此往往受到广大消费者的喜爱。然而这并不意味着散装CPU就没有质保，只要选择信誉较好的代理商，一般都能得到为期一年的常规保修时间。事实上，CPU并不存在保修的概念，此时的保修等于是保换。

## 3.5.6 CPU真伪辨别

从技术角度来说，CPU不存在类似其他商品的所谓假CPU。所谓的假，主要是指以次充好以及散装按盒装卖给顾客，或者不同渠道，保修不同罢了。

（1）看编号

这个方法对Intel和AMD的处理器同样有效，每一颗正品盒装处理器都有一个唯一的编号,在产品的包装盒上的条形码和处理器表面都会标明这个编号,而且编号都是一样的,如图3-33所示。

图 3-33

（2）看盒装内的保修卡

经销商应完整填写保修卡相关的产品信息和购买信息。填写不完整及保修卡丢失,消费者或失去免费保修权利。保修卡上的零售盒装序列号,确定与产品标签上的序列号一致,如图3-34所示。

图 3-34

（3）观察封口标签

新包装的封口标签仅在包装的一侧,标签为透明色,字体白色,颜色深且清晰,如图3-35所示。

图 3-35

（4）查看散热风扇

不同型号盒装处理器配有不同型号风扇,打开包装后,可以看到风扇的激光防伪标签。真的Intel盒包CPU防伪标签为立体式防伪,除了底层图案会有变化外,还会出现立体的"Intel"标识。而假的盒包CPU,其防伪标识只有底层图案的变化,没有"Intel"的标识。

（5）网站微信等验证

通过CPU官网,或者官方设置的保修信息查询网站或微信,可以查询到保修信息,输入包装上的FPO和ATPO编号进行查询,即可知道该CPU的真伪,如图3-36所示。

FPO比较简单,直接查看CPU表面最后一行编码即可。ATPO编号其实就是CPU左下角的一个二维码。用户可以使用第三方的手机APP进行二维码的读取。

图 3-36

另外也可以通过微信进行查询,当然通过售后服务电话也可以进行查询。

（6）使用第三方软件查看测试CPU

在购买好CPU以后，可以通过第三方软件查看CPU的各种详细信息。

用户可以使用以前提到的CPU-Z进行信息的检测和CPU的测试，如图3-37及图3-38所示。

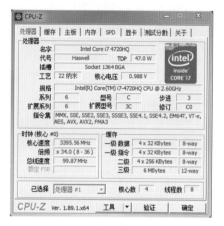

图 3-37

图 3-38

### 3.5.7 散热器的选取

散热器是CPU的重要搭档，没有散热器的辅助，CPU轻则罢工，重则直接烧毁，所以如果要让CPU能发挥出正常或者超常水平，就必须配备一款好的散热设备。常用的散热设备及具体用途如下。

（1）纯风冷散热

简单应用及入门级玩家选择纯风冷即可，如果是盒装CPU，可以直接使用自带的风扇，如图3-39所示。

图 3-39

（2）热管散热

这也是目前独立散热器中最常见也是最热销的，热管散热器基本可以分为下压式和侧吹式。

下压式散热如图3-40所示，受制于机箱温度，散热效果有一定的影响；而且由于风扇吹向主板，容易造成热气聚集，排放不畅，所以必须搭建良好的机箱风道来辅助热量的逸散。

图 3-40

侧吹式散热如图3-41所示，则通过高塔结构散热片和导热管传导热量。风扇侧吹散热鳍片的方式进行散热，散热面积更大，辅助多根导管，散热效率更加明显。

热管数量越多，相同时间内导热量越大，自然散热效率也越大，目前热管多采用铜管设计，因此热管数量多可以直接有效加强CPU的散热。

图3-42

### 3.5.8 根据实际要求选择CPU

实际上CPU的生产厂商就两家，用户可以根据实际需要，在不同档次中选择。AMD的CPU在三维制作、游戏应用、视频处理上略有优势。Intel公司的CPU在商业应用、多媒体应用、平面设计方面有优势。

（1）日常办公用户

这部分用户日常使用Office等办公软件较多，可以选择带有核显功能的入门级i3或者AMD的入门级CPU即可。

（2）影音娱乐用户

这部分用户可以选择i3、i5级别的多核，并带有核显的CPU即可。对于显卡，核显和低端的独显也可以，将资金略向存储方面倾斜。

（3）设计级别用户

经常使用CAD、3D、PR等设计软件的话，需要更多线程的CPU处理能力，配合固态硬盘及大容量内存，以达到稳定、高效的处理能力。在显卡方面，可以考虑专业级别的制图显

图3-41

（3）水冷散热

水冷分为一体水冷和分体水冷。一体水冷常见的就是120、240、360冷排，如图3-42所示，360冷排的效果最好，价格也最贵。一体式水冷散热器主要由水冷头、导管、冷排风扇和安装扣具构成，其中水冷头的工艺最为复杂。一体水冷因为热气直接排到机箱外，对机箱风道的依赖比风冷散热器要低，流动水的导热效率高，散热效率高，风扇产生的噪声也小。冷排是散热器的散热关键，一般冷排均采用铝质的散热鳍片，将热量通过风扇排出机箱外。

卡。所以在CPU上，可以选择i7处理器以及锐龙R7处理器。

（4）游戏玩家

游戏玩家对于整体机器的档次需求较高，可以采用最新的i7或i9中低端处理器，或者与之对应的AMD锐龙9处理器。在显卡的选取上，可以使用RTX2系列的独显，以便支持光线追踪技术，达到更加完美的视觉体验。可以选择AMD的RX5700系列显卡。内存按照支持选择即可。

（5）发烧玩家

这部分玩家，着重于超频玩法，如图3-43所示，所以选择不锁倍频的、

稳定强大的CPU产品，如i9高端型号，AMD的线程撕裂者。在显卡方面，可以选择TITAN系列显卡，或者多显卡组合成交火或者SLI，以便达到更高的频率。另外，电源、内存等部件要更高档次。

图3-43

---

知识超链接　　　　　　Intel10代CPU

英特尔在2020年发布了32款新品处理器，其中就包括了期待已久的十代酷睿桌面级处理器。作为新一代LGA 1200接口的首发型号，英特尔推出的十代酷睿依旧延续了之前的策略，大幅提升了新酷睿处理器的单核心性能，新技术加持下的旗舰酷睿i9 10900K已经达到了5.3GHz睿频，而且也达到了10核心20线程。不仅如此，英特尔在入门级别的酷睿i3处理器上也加入了超线程技术，变成了4核心8线程，达到了与7代酷睿旗舰i7 7700K同一个标准，而十代酷睿i5处理器则变成了6核心12线程，与八代旗舰酷睿i7 8700K相当。因为更新了

新的插槽，英特尔发布了3个全新芯片组：Z490、B460以及H410，其中Z490芯片组定位旗舰。

在频率上还使用了一项新技术：Thermal Velocity Boost，这项技术让处理器在核心温度65℃内帮助处理器提升频率，这次旗舰酷睿i9 10900K达到了惊人的5.3GHz单核心频率也全是因为这项黑科技。

英特尔引以为傲的睿频技术也得到了升级，十代桌面级酷睿中的酷睿i7和酷睿i9处理器搭载了睿频加速MAX 3.0，英特尔睿频加速技术本身可以让处理器根据电脑实际运行情况动态地提升处理器频率，而睿频加速

MAX 3.0是睿频技术的升级版，英特尔官方表示睿频加速MAX技术3.0则可让处理器将单线程性能提升15%以上，因此十代酷睿i9处理器睿频都达到了5.1GHz以上。

这次英特尔十代桌面级酷睿处理器在超频方面做出了升级，在控制功能上，支持单个核心单独禁用、启用超线程，还支持PEG、DMI超频，增强了电压、频率曲线控制。

为了保证处理器的散热能在高负载时正常发挥性能，英特尔这次给十代酷睿使用了钎焊散热技术外，还使用了薄芯片焊接散热材料。薄芯片焊接散热材料减少了芯片厚度，这可以让钎焊层厚度增加，从而提高了散热效率，但是要注意的是只有高端的英特尔十代桌面级酷睿i7、i9级别的处理器才会使用钎焊散热，因为中端和入门的酷睿i3和酷睿i5不用担心散热的问题。

而对于一般用户，中端的英特尔酷睿i5 10600K则吸引力更大，因为使用了超线程技术，这款处理器的核心线程数已经与八代旗舰酷睿i7 8700K一样，性能上也是旗鼓相当，而且因为架构优化，使其对多线程游戏的支持以及其他软件性能的支持会更强。

第4章

主板主要
参数及选购

### 学习目的与要求

无论是CPU、内存、显卡、电源等，电脑的内外组件都要相互通信才能成为统一的硬件系统，并发挥电脑的作用。这个类似于交换机作用的设备就是电脑主板。它通过各种端口和芯片组连接了电脑内外部组件，成为电脑坚实的基石。

有条件的用户可以用手机拍摄一张自己主板的高清图，或者到网上找一张主板的高清图片，放大后，查看主板的型号、接口、功能模块等，先了解主板的接驳。在学习完本章课程后，自己动手，完成主板上各部件的安装方法。没有硅脂的同学就不要动CPU了。

### 知识实操要点

◎ 主要芯片及作用
◎ 主要接口及安装的设备
◎ 主板接口与其他设备的连接方法

# 4.1 认识主板

主板是将主机内外部件连接在一起的电脑设备，相当于交换机一样。从原理上来说，主板为系统各部件提供了接口，并提供了很多条高速的道路供组件之间进行数据的交换传输。

## 4.1.1 主板的作用

主板在整个电脑系统中扮演着举足轻重的角色。可以说，主板是整个电脑的中枢。主板的性能影响着整个电脑系统的性能以及稳定性。如图4-1所示是为i9-9900K提供支持的Z390芯片组的主板。

图4-1

主板从外观上来说，就是一块矩形电路板，上面安装了各种电路系统和各种功能芯片。一般有CPU插槽、内存插槽、BIOS芯片、I/O控制芯片、声卡芯片、网卡芯片、面板控制开关接口、风扇接口、指示灯插接件、扩充插槽、各种电容、电感等元件。

主板上最重要的构成组件是芯片组（Chipset）。这些芯片组为主板提供一个通用平台供不同设备连接，控制不同设备的沟通。它也包含对不同扩充插槽的支持，例如PCI Express、SATA、USB等。芯片组也为主板提供额外功能。一些高价主板也集成红外通信技术、蓝牙和Wi-Fi等功能。

## 4.1.2 重要的芯片组

主板芯片组（Chipset）是主板的核心组成部分，是CPU与周边设备沟通的桥梁。对于主板而言，芯片组几乎决定了这块主板的功能，进而影响到整个电脑系统性能的发挥。

### （1）逐渐没落的南北桥

传统意义上的主板芯片组包括南桥和北桥。但经过发展，现在的主板已经没有南北桥之分了，有的只有一个南桥，或直接称为芯片组，有的连南桥都没有了。而北桥的功能，如PCI-E控制器、内存控制器、GPU图形核心之类的已经集合在了CPU的功能中。

而芯片组的作用也仅仅是限于将这几根通道拆分，来支持几个PCI-E接口和USB2.0、SATA接口了，作用基本相当于一个内置的交换机，大部分功能已经被CPU代替。所以未来南桥的取消也是大势所趋。

通常主板的命名，就是其中的数字部分也是描述的芯片组的具体类型和系列。主板芯片组芯片在除去了散热装甲后，样子如图4-2所示。

图4-2

### （2）BIOS芯片

BIOS是英文"Basic Input Output System"的缩略词，直译过来后中文名称就是"基本输入输出系统"。其实，它是一组固化到电脑内主板上一个ROM芯片上的程序，它保存着电脑最重要的基本输入输出的程序、开机后自检程序和系统自启动程序，它可从CMOS中读写系统设置的具体信息。其主要功能是为电脑提供最底层的、最直接的硬件设置以及控制。BIOS芯片如图4-3所示。这里使用的是双

BIOS，便于灾难恢复等。

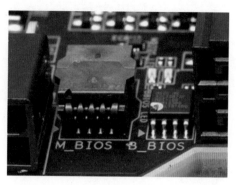

图4-3

M_BIOS是 主BIOS，B_BIOS是备用BIOS。BIOS中存放着自诊断程序、CMOS设置程序、系统自举装载程序等。

术语解释

### BIOS和CMOS的区别

CMOS是计算机主板上的一块可读写的RAM芯片，主要用来保存当前系统的硬件配置和操作人员对某些参数的设定。CMOS RAM芯片由系统通过一块后备电池供电，因此无论是在关机状态中，还是遇到系统掉电情况，CMOS信息都不会丢失。而BIOS程序存储在ROM中，只有通过刷新才能写入数据，而且断电后信息不会消失。所以，BIOS相当于系统，而CMOS则是存储BIOS配置信息的硬盘。

CMOS芯片如图4-4所示，不用的主板可能使用不同的CMOS

芯片，CMOS电池及跳线如图4-5所示。

图4-4

图4-5

说明，如图打开是正常状态，如果短接就是清空CMOS。

图4-6

② 跳线法　有些是有3根接线柱的，一般是1-2是正常，如果要清空，就短接2-3跳线柱。具体是将短接小插座取下，放到2-3接线柱上即可，如图4-7所示。

图4-7

③ 等待法　另外一种方法就是取下如图4-7所示的电池，然后等一段时间，让芯片自动断电，完成配置丢失的过程。

当然，用户也可以单击开机按钮，以加快完成速度。

**操作点拨**

**BIOS设置清空——CMOS放电**

　　CMOS是存储BIOS配置信息的，所以通常讲的，给主板放电，清空BIOS等等，说的就是给CMOS做放电处理。可以使用如下几种方法。

　　① 短接法　如图4-6所示，如果有清CMOS跳线柱，可以按照

④ 电池底座放电法　最后一种常见的方法是使用金属物短接电池底座上的负极金属片和侧面的正极金属片，如图4-8所示，以快速完成放电过程。

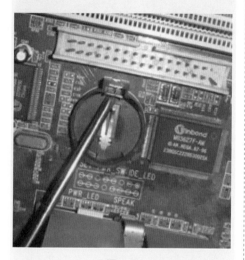

图4-8

（3）网卡芯片

主板后面的网卡接口主要是由主板上的网卡芯片提供的，如图4-9所示的是万兆网卡，常见的主板提供的是千兆网卡。

图4-9

（4）音频芯片

音频芯片的功能是提供声音，用户要是有更高的需求或者主板声卡芯片坏了，可以手动购买安装独立声卡。对普通用户而言，电脑主板集成的音频芯片基本够用了，如图4-10所示。而高端的独立内置声卡，如图4-11所示。

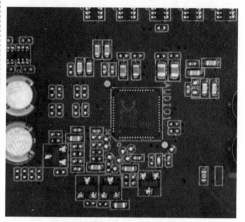

图4-10

图4-11

用户可以使用机箱后窗的3.5音频接口或者独立声卡的3.5音频接口来实现声音的输出。

（5）无线模块

台式电脑要不要无线模块的问题，争论了很久，个人认为无线功能，有时真的挺方便。有些高端主板自带无线模块，如果没有无线模块，而又有无线需求的同学，可以自己装一个。无线模块如图4-12所示。

图4-12

（6）监控芯片

主要负责监控CPU温度、风扇转速、CPU工作电压等信息，如图4-13所示。

图4-13

（7）其他芯片

除了上面提到的重要芯片，其他功能当然也需要对应芯片的支持，常见的其他重要芯片如下。

视频信号转换芯片，如图4-14所示。

图4-14

运放芯片，主要为主板前置音频接口使用，如图4-15所示。

图4-15

CPU供电PWM芯片，主要负责CPU的主供电，如图4-16所示。

图4-16

增强主板超频调节的TPU芯片，如图4-17所示。

图 4-17

前置USB 3.0通道芯片，主要为前面板USB 3.0提供通道的芯片，如图4-18所示。

图 4-18

前置 Type-C 芯片，如图4-19所示。现在Type-C接口已经广泛应用到手机、笔记本以及其他电子设备中，而且最新的雷电接口也可以使用该接口。

图 4-19

SATA桥接芯片，提供更多的SATA通道，如图4-20所示。

图 4-20

USB 3.1及Type-A接口芯片，如图4-21所示。

图 4-21

显卡桥接芯片，用于桥接显卡插槽的带宽，以支持显卡8+8模式，如图4-22所示。

图 4-22

PCI-E通道转接芯片，用于将1条PCI-E 3.0桥接为4条PCI-E 2.0，芯片如图4-23所示。

图 4-23

### 4.1.3 主板的供电系统

主板和显卡厂商喜欢以固态电容和全封闭式电感作为宣传重点，这也被看作是一款高品质主板必备的元素。

最早电解电容和裸露式电感的样子，如图4-24所示。其中，黑色圆柱体就是电容了，上面有防爆切口，以便在电容出问题时，内部液体可以由缺口排出，以防止爆裂。而黄色圆环，有铜线缠绕的是裸露式的电感。

图 4-24

（1）电感与电容

电感和电容都是电路中的储能元件。电容主要起到滤波作用（高通），

在运行的过程中保证电压、电流的稳定，就像一个蓄水池一样，忽高忽低的水流进入后，再缓缓地流出。电感的作用是负责滤波（低通），净化电流，提高稳定性，也就是稳压稳流。

因为电路中的电压电流其实是经常变化的，或者说一定是在小范围内波动振荡的，而这种波动，有时会对精密的电脑零部件、CPU等产生不可预料的影响，并产生故障。所以需要电容和电感带来更纯净的电力供应。

（2）电阻

电阻是主板上分布最广的电子元件，它主要承担着限压限流及分压分流的作用，与其他电容、电感和晶体管构成电路，进行阻抗匹配与转换、电阻滤波电路等。

（3）CPU供电模组

随着CPU主频和系统总线工作频率的不断提高，对主板供电要求也越来越严格，尤其是超频用户，对主板供电往往比较关注。

比如CPU附近的供电，如图4-25所示。

图 4-25

其中，银白色方块中的就是封闭

式电感，如图4-26所示。

图4-26

以前是半封闭的，也就是开头的图片，半封闭式和裸露式的电感基本已经被淘汰了。现在大部分使用的都是这种封闭式的电感了。而电感附近圆柱形的就是电容，如图4-27所示。

图4-27

很多新手朋友判断主板是几相供电，一般是去数CPU附近黑块电感数量，有几个黑块电感就代表有几相供电主板。但很多时候也不准确，存在误差。

### （4）MOSFET管

这里就需要提到一个东西，叫做MOSFET管，如图4-28所示，中文名称是场效应管，一般被叫做MOS管。这个黑色方块在供电电路里表现为受到栅极电压控制的开关。每相的上桥和下桥轮番导通，对这一相的输出扼流圈进行充电和放电，就在输出端得到一个稳定的电压。

图4-28

### （5）多相供电

经常说的CPU是N+N相供电又是什么意思呢？

N相供电就是指有N个回路给CPU供电，也可以变相理解为有几组电源在供电。三相是三组，四相就是四组。

比如8+1+1相供电，8相肯定是给CPU供电了，一个+1是指总线供电，另一个一般是核显供电了。

理论上来说，相数越多，能够提供的电流就越大，不过回路多也不见得就好，需要看零件的质量及主板上电路的设计。

## 4.2 主板主要插槽及接口

主板主要的插槽及接口如图4-29所示。

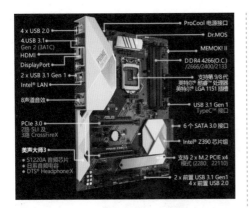

图 4-29

### 4.2.1 CPU插槽

这是最重要的插槽，用于安装CPU，如图4-30所示，还有旁边的扣具。AMD的CPU插槽如图4-31所示。

图 4-30

也要注意观察CPU的方向箭头和防呆设计，两者配合就能正确安装CPU。

图 4-31

### 4.2.2 内存插槽

内存插槽如图4-32所示。只需要注意主板支持的内存代数，然后按照内存上的防呆缺口位置安装即可。

图 4-32

### 4.2.3 PCI-E插槽

PCI-E插槽如图4-33所示，可以安装很多PCI-E接口的设备，而显卡作为最主要的设备，往往使初学者默认为就是单纯的显卡插槽，其实是不准确的。

图4-33

PCI-E其实可以理解为数据通道，速度非常快，而现在从主流的3.0标准正在向4.0标准过渡。PCI-E 3.0的传输频率为8GT/s，约是1GB/s，算上其编码效率，双工效率，那么实际带宽就是2GB/s。这就是X1，也就是1倍的速度，X4、X8、X16也就是在X1基础上的4、8、16倍。显卡通常插在X16槽上，它的理论速度是32GB/s。PCI-E 4.0速度是3.0的2倍，用户可以自己去换算。

主板就有对应X1、X4、X8、X16的接口了，如图4-34所示。

图4-34

这里的X8怎么和X16是一样长度呢？如图4-35所示，这主要是为了方便用户使用双PCI-E显卡组成交火或者SLI技术，打造双X8的模式。

其实，X8已经基本满足显卡的速度要求了。用户不用刻意追求真实的物理双路X16，这个成本也是挺高的。在PCI-E插槽旁边，也已经标记了PCI-E插槽的标准。

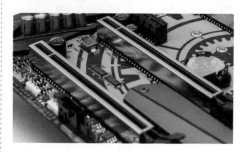

图4-35

用户也可以直接查看主板背部PCI-E插槽的针脚，如图4-36所示。其中离CPU最近的一般是X16，其他的就是X8和X4以及穿插在中间的X1。

图4-36

另外，PCI-E接口都是向下兼容的，就是X16的插槽可以插X8、X4、

X1的PCI-E设备，其他的以此类推。

## 4.2.4 M.2接口插槽

为什么有些主板没了X4接口，那就是被M.2接口取代了，如图4-37所示，一般在PCI-E插槽中间。通常所说的M.2也主要是指一种接口或者尺寸。

图4-37

M.2接口是Intel推出的一种替代MSATA的新接口规范，也就是以前经常提到的NGFF，即Next Generation Form Factor。

与MSATA相比，M.2主要有两个方面的优势。第一是速度方面的优势。M.2接口有两种类型：Socket 2和Socket 3，其中Socket2支持SATA、PCI-E×2接口，而如果采用PCI-E×2接口标准，最大的读取速度可以达到700MB/s，写入也能达到550MB/s。

而其中的Socket 3可支持PCI-E×4接口，理论带宽可达4GB/s。

M.2接口怎么用呢？其实最常见的就是M.2接口的固态硬盘了，如图4-38所示。有些主板自带M.2散热鳍片。

图4-38

## 4.2.5 SATA接口

经常使用的接口，从出现到现在，已经发展到第三代，也就是SATA3，理论速度6Gbps，也就是大约600MB/s。通常说的SATA 6G，也就是指的这个。

SATA接口的外观如图4-39所示，都有防呆设计，使用时需要看准方向再插入，切不可用力过大，以防止弄坏了SATA接口或者电源接口。

图4-39

## 4.2.6 USB接口

USB 3.0及3.1是现在的主流，当然2.0也继续保留在了一些普通的主板上。

　　USB接口，全称叫通用串行总线接口，是一种非常常见的接口，不仅在电脑上，其他设备上也经常看到。

　　主板上的USB 3.0卧式和立式接口如图4-40所示。

图4-40

　　其实USB 3.0的全称是USB 3.1 Gen1，我们口头上称之为USB 3.1的全称叫做USB 3.1 Gen2。Gen其实就是代数。

　　USB的标准接口有三种，分别是Type-A、Type-B、Type-C，如图4-41所示。除了现在流行的Type-C接口外，其中Type-B接口的另外一个名字是大名鼎鼎的microUSB，是曾经红极一时的USB种类。

图4-41

　　USB 3.1 Gen2相比于3.0，拥有2倍的传输速度，理论上有着高达10Gbps的传输速率，同时在编码效率上也有着一定的提高。根据USB 3.1发展出来的Type-C接口，已经成为了如今流行的接口，应用在了各种电子产品上。其轻薄、双面可插、有更高的电压支持，相信给很多使用过它的人留下了很深刻的印象。

　　主板上的USB 3.1 Gen2接口，一般使用的是Type-C插座，如图4-42所示。

图4-42

　　在主板侧面的接口上，还有USB 3.1的接口。

　　而USB 2.0接口，虽然已经逐渐没落，但是在有些主板上还是存在的。另外在一些电子产品，比如电视盒、投影仪、各种终端设备以及一些老式的电脑上都可以看到。当然，3.0一般都兼容2.0的设备。

　　用户需要了解其外观，以便在跳线时，知道插在哪里。当然，2.0的扩展接口有防呆设计，如图4-43所示。

　　上面的USB3并不是指USB 3.0接口，而是指的第三组USB接口。

　　其实，大部分情况可以从颜色上来判断接口。USB 2.0是黑色，3.0是

图 4-43

蓝色，3.1是红色。前置跳线，USB 2.0、USB 3.0和USB 3.1如图4-44 ~图4-46所示。现在有些跳线将3.0和2.0集成在了一起。

图 4-44

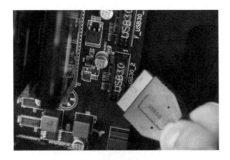

图 4-45

图 4-46

### 4.2.7 前置音频接口

前置音频接口主要为了用户使用方便，为机箱前面板的耳机、话筒提供接口服务，如图4-47所示。

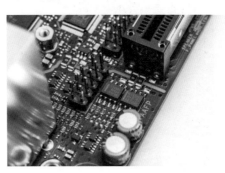

图 4-47

和USB 2.0差不多的样子，但是防呆缺口是不同的，而且在主板上也有对应的说明，一般不会插错。

### 4.2.8 CPU 供电接口

有从电源直接过来的专为CPU供电的8PIN接口，当然也有为高端高能耗大户特别预留的8+4PIN CPU供电接口，如图4-48所示。这种接口都有防呆设计和卡扣，很容易分辨。

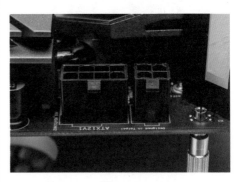

图 4-48

### 4.2.9 主板供电接口

主要为主板提供供电服务的24PIN电源接口如图4-49所示。

图 4-49

### 4.2.10 风扇插座

主板上有白色的,一般是3PIN或者4PIN接口的带有防呆挡板的小插座,就是风扇插座,为风扇提供电源和控制功能。一般分为CPU风扇插座(图4-50)和系统风扇插座(图4-51),两种,在插座旁有说明。

图 4-50

风扇接口一般会有很多,以方便多风扇的环境。用户可以使用外接系统电源的风扇,就不需要用接线柱了。

图 4-51

在图4-50中,白色的就是CPU风扇插座,而CPU_OPT是专门为水冷风扇准备的,用户如果使用了水冷,可以插入该接口中。

在图4-51中,该风扇为系统风扇第6个接口,所以叫做FAN6,以此类推。

**知识点拨**

**3PIN和4PIN风扇接口的区别**

有些细心的同学可能发现在某些主板上,只有3PIN接口,或者是风扇的接线只有3PIN,如图4-52所示,和这里的4PIN有什么区别吗?

图 4-52

4PIN风扇上带有PWM电源管理芯片，多出的那条线是转速调节线，根据负载和温度变化来智能控制风扇转速。

3PIN风扇没有PWM调节能力，但可以检测风扇转速，只能测速，不能调速。

## (4.2.11) 前面板跳线

这里的跳线，主要就是电源、重启按钮以及电源、硬盘的指示灯。接线柱如图4-53所示。

图4-53

在主板上都有对应的说明，这里有10个接线柱，5列2行，最后1列其实没什么用，或者使用模块化的跳线，直接接也可以。按照说明，将接线柱分为4组，也就是对应了上面的4个功能项。

其实接线很简单，右边2列是按钮，按行分为2组，接线时，不分正负极，原理是短接可以启动或者重启了，上面是PWR_SW是电源按钮。下面是RESET，就是重启按钮。

左边2列是指示灯，也是按行分成2组，上面是电源LED指示灯，下面是硬盘工作LED指示灯。正负极只要看接线柱，带"十"字标记的就是正极接入位置。有些也在主板说明中标记了正极的方向。

## (4.2.12) 主板后窗接口

主板后面有哪些接口呢？

如图4-54所示，为主板后窗接口，按照从左到右、从上到下的顺序，分为：

图4-54

● CMOS清空按钮，十分方便。

● Wi-Fi天线接口，需要的用户可以去买天线。

● PS/2键鼠接口，有时维修是很需要的。USB 3.0接口 × 2。

● DP及HDMI接口，由CPU核显提供显示，使用两个接口进行视频输出。

● USB 3.0 × 2。

● 网络接口+USB 3.0 × 2。

● 网络接口+USB 3.1 TYPE-A及TYPE-C接口。

● 3.5音频接口，黑色插座是数字光纤接口。

### 4.2.13 其他高级功能接口

上面介绍了比较常用的接口和功能插槽，科技的进步给主板带来了更多的活力，所以主板也出现了一些非常实用的功能及接口。

（1）RGB灯带插座数字LED插座

RGB主板的一大功能就是为机箱提供幻彩，这种接口配合软件就可以达到相应目的。

（2）Debug LED

通过查看LED灯，快速定位常见故障点，如图4-55所示。与此相似的还有显示故障代码的，如图4-56所示。

图4-55

图4-56

（3）MOMOK开关

用以快速判断主板上的内存是否有问题，如图4-57所示。

图4-57

（4）TPM接口

一种高级别安全接口，用来接硬件密钥，如图4-58所示。

图4-58

（5）BIOS自动覆盖开关/双BIOS切换

这两个按钮，一个是覆盖，一个是切换，用来对BIOS进行操作，以便故障时进行还原，如图4-59所示。

（6）超频按钮

用来切换BIOS设置好的超频参数，进行超频，如图4-60所示。

图 4-59

图 4-60

这里还有一个电源按钮，用来实现复杂情况下的主板启动操作。

还有很多其他功能，用户可以根据需要选择。

## 4.3 主板参数及选购技巧

接下来介绍主板的一些参数和选购的技巧。

###  CPU插槽及类型

这点非常重要，需要注意主板的CPU插槽的针数一定要和CPU的针脚数一致。

需要注意支持的CPU代数和型号，因为不同代数的CPU对主板的要求也不一样。

如果用户有升级的需求，也需要查看并确定主板支持的CPU，以便在同一档次，选择更具性价比的CPU。

### 4.3.2 芯片组的选择

不同的芯片组，官方定义的功能也是不同的，不论是CPU的支持、总线的速度、内存的支持，还是各种接口以及主板的布局功能等，不同的芯片组都做了不同的定义。

比如，华硕Z390是1151接口，支持8、9代酷睿，并默认支持2666内存频率。而Z270，如图4-61所示，也

图 4-61

是1151接口，但是支持的是6、7代的酷睿系列CPU，内存频率默认是2400MHz。

如果是B360，如图4-62所示，或者是H370，如图4-63所示，虽然也支持相同的CPU，但是默认不支持超频，而且Z390和H370的PCI-E总线提供了30条，而B360只提供了24条。

图4-62

图4-63

每一代的芯片组升级都带来了很多提升，比如原生接口的数量：USB 3.1接口、SATA接口数量和速度、PCI-E总线速度、内存的支持及更新换代。

芯片组的选择在主板的选择中占有绝对的地位，用户需要特别注意。

### 4.3.3 版型和接口的需求

这里的版型大小直接决定了主板提供的插槽数量。比如用户需要安装4条内存，当然需要4条内存插槽；安装双显卡，就需要2条×16的PCI-E插槽；硬盘较多，就需要多个M.2接口来安装固态硬盘或者需要多个SATA接口来安装SATA硬盘等，需要选择大板子，如图4-64所示。

图4-64

而入门级用户，可以选择紧凑型板子，如图4-65所示。PCI-E插槽很少，有些内存也只提供两条插槽。

图4-65

或者有特殊需求的用户，比如需要做家庭数据娱乐中心主机的用户，则可以选择迷你型小板子，如图4-66所示。只需用到核显的用户，则可以配合迷你型的机箱，占用空间小，拆解非常方便。

图 4-68

图 4-66

除了观察主板照片外，还可以通过各种网上的视频讲解进行了解。用户可以通过官方网站的产品说明，了解更加详细的接口和其他功能的参数信息。

至于接口的数量，可以在选择配置前，将所有的需求都罗列出来，然后统计需要哪些接口，有多少个等。如果接口实在不够了，或者有些需要的功能没有，也不用担心，可以通过购买各种外置、扩展配件来实现，或者通过各种转接卡来实现，如图4-67及图4-68所示。当然有可能会损失一部分性能。

### 4.3.4 内存支持要求

现在的台式机，CPU、主板、内存已经是一个整体了，三者相辅相成。如果平台换代，就要全部换掉了。内存的频率和代数，除了取决于CPU外，也取决于主板提供的接口插槽。

如果组建双通道的话，内存需要插在支持双通的内存插槽中。一般相同颜色的内存插槽是一个双通道，如图4-69所示。用户也可以通过主板说明来判断哪些插槽可以组建双通道。

图 4-69

### 4.3.5 选择型号

现在的主板在命名上，除了前面说的，按芯片组来进行划分外，在某一大类中，还分成很多小的型号。比

图 4-67

如，Z390、B365、H370是主要的芯片组。但不同厂家还会按照不同的功能、不同的销售渠道、不同的市场策略、不同的用料做工、不同的版型等，自己划分出更细的型号。

比如华硕的Z390系列，还分为PRIME系列的Z390-A/-P、Z390M-PLUS；ROG STRIX系列的Z390-I/-E/-H/-F GAMING；TUF系列的Z390M-PRO -PLUS GAMING等。

用户在购买前，针对自己的使用情况，选择不同的系列。每一个系列中，再查看版型、接口数量、支持的硬件水平等是否满足自己的要求，更重要的是价格是否能接受。

用户可以通过硬件或购物网站的对比功能，进行更加详细的对比。老手也可以通过对比图片查看区别。

### 4.3.6 用料、做工和品牌

主板是电脑的中枢核心，好的主板可以保证电脑长期运行在一个稳定的平台上。选购主机时，用户往往最在意CPU和显卡的好坏，而忽视了主板的重要性，从而使用了劣质主板。这样轻则造成电脑兼容性和稳定性极差；重则由于电容、电感等的损坏，造成电脑其他部件的损坏。

选择了大品牌，用料和做工还是有保障的。因为这些大厂在产品设计、材料选择、工艺控制、产品测试、运输、零售等环节大都会严格把关，产品的品质也有保障。

好的主板，在电路印刷上十分清晰、漂亮。板子越厚往往说明用料越足。其PCB周围十分光滑。观察插槽、跳线部分是否坚固、稳定。购买后，可用专业软件进行主板的识别和测试，用以判断主板是否与当初的规划相符。

### 4.3.7 售后服务

对于大品牌来说，其实电商和实体商家的售后基本类似，都是全国联保，基本是3年，有些板子可以达到5年。用户在挑选的时候，可以了解本地的服务商和地址，进行综合考虑。

### 4.3.8 主板新技术

上面介绍的都是一些常见的接口和主要的功能。除了硬件外，软件方面主板也增加了很多功能。

（1）AI智能超频

依据CPU与散热条件快速优化CPU性能，提供近乎专业玩家手动调校的更强性能。不同的厂家有不同的超频方法，如图4-70所示。

图4-70

（2）智能加速处理器（TPU）

通过华硕的智能管家释放计算机性能，智能自动系统调校应用程序可调校电压、监控系统状态和调整超频参数，以获得更佳性能。

（3）Digi+数字供电

可实时控制电压降低、切换频率和电源效率设定，取得更佳的系统稳定性和性能。

（4）多重散热设计

通过多种手段监控主板温度，配备了各种散热接口以及防护措施等，让电脑工作在安全的温度。

（5）IRST技术

以新增的ASUS Hyper M.2×16卡V2，利用CPU的PCI-E通道发挥Intel快速存储技术的功能，可连接多达三部PCI-E 3.0×16 M.2固态，总带宽可达96Gbps。

（6）支持Intel 傲腾内存技术

Intel傲腾内存可加速存储，减少启动的加载时间，让系统运行更快速，如图4-71所示。

图4-71

（7）支持雷电3扩展接口卡

雷电3接口不但拥有超高带宽，而且通过一个接口，将数据传输、充电和视频输出功能集于一身，可以提供高达40Gbps的双向传输速度。可支持菊花链连接方式，可连接高达6个设备，并提供高达36W的快速高功率充电。该接口卡如图4-72所示。

图4-72

（8）音频、网卡技术

各种高音质声卡芯片的使用，双网卡、无线网卡、千兆/万兆网卡芯片的使用，在不断刷新和提升着主板的功能。

（9）RGB灯光特效

有的主板配置了可调整内置RGB LED等，以及连接板载RGB插座灯带。通过不同的软件设置，达到不同的灯光效果，如图4-73所示。

图4-73

（10）防静电及抗突波防护

静电是主板元器件的"杀手"，这

点已毋庸置疑。另外，热插拔设备或者是电路的突然变化容易产生浪涌，从而损坏主板元器件。现在有些主板已经配备了防静电和浪涌的功能，如图4-74所示。

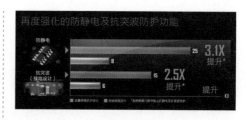

图4-74

（11）供电散热和加固技术

多相供电技术、大范围的鳍片散热技术以及插槽的加固技术，都在主板上展现了出来，并发挥着越来越大的功能。

# 4.4 主流品牌主板及其特色

通过前面的介绍，相信读者应该已经对主板有了一定程度的了解。对于一些比较感兴趣的技术或者应用，可以到官网、论坛或者搜索引擎中去学习。

接下来，将介绍一些主流品牌主板及其主要参数，以方便读者在选购时进行对比。

## 4.4.1 主板的主要厂商

主流品牌主板生产厂商有：华硕、微星、映泰、七彩虹、华擎等。

## 4.4.2 支持Intel处理器的主板

Intel用得较多的就是第8代、第9代CPU。第10代刚出现，就不考虑了。按照现在比较主流的8代、9代CPU，比较主流的主板如图4-75所示，为Micro ATX型主板。该主板支持8代、9代的Intel酷睿系列CPU，奔腾及赛扬系列的LGA1151CPU。支持DDR4 2666/2400/2133内存，支持双通道技术，提供了DIGI+数字供电模式供电，6相供电。支持32GB/s，M.2 X4双模式，支持Intel傲腾系列内存。提供了6个SATA 6Gb/s的接口，以及2个前置USB 3.1 Gen1接口。后面板有PS/2接口，D-SUB接口，DVI接口，4个USB 3.1 Gen1接口，2个USB 2.0接口，1个PCI-E 3.0×16接口，2个×1插槽，支持ASUS Safe Slot Core技术。一个M.2插槽。同时也支持华硕的美声大师技术。提供了千兆网卡接口。三年全国联保。

图4-75

图4-76

###  支持AMD处理器的主板

接下来介绍AMD的一些常见主板。

如图4-76所示，该主板采用AMD X570芯片组，采用了Socket AM4接口，支持第2代和第3代AMD锐龙处理器，提供了4条DDR4内存条，最大支持128GB容量，支持双通道技术，默认支持最高为3200MHz的内存，超频后，最高可支持到4400MHz的频率。支持ECC UDIMM内存（非-ECC模式）。

1个PCI-E 4.0/3.0×16插槽，3个×1,1个×4。6个SATA3接口,2个M.2接口，但是是Gen4的标准。6个USB 3.2 Gen1接口，6个USB 2.0接口。支持交火。

不论在选择Intel还是AMD的主板时，除了要注意接口的针脚数量，还要注意主板支持的CPU代数。

同档次的主板之间的差价还是非常明显的，用户在选择的时候，一定要看准小型号，以防上当受骗。

另外，还要考虑主板的售后策略，并且在购买时一定索要购物发票，来维护自己的正当权益。

---

**知识超链接**　　　　PCI-E通道浅析

PCI-Express（Peripheral Component Interconnect Express）是一种高速串行计算机扩展总线标准，它原来的名称为"3GIO"，是由英特尔在2001年提出的，旨在替代旧的PCI、PCI-X和AGP总线标准。PCI-E属于高速串行点对点双通道高带宽传输，所连接的设备分配独享通道带宽，不共享总线带宽，主要支持主动电源管理、错误报告、端对端的可靠性传输、热插拔以及服务质量（QOS）等功能。PCI-E发展到现在已经是3.0，正在向4.0过渡。PCI-E的速度可以参见表4-1。

表4-1

| 版本 | 行代码 | 传输速率 | 吞吐量 | | | |
|---|---|---|---|---|---|---|
| | | | ×1 | ×4 | ×8 | ×16 |
| 1.0 | 8b/10b | 2.5GT/s | 250MB/s | 1GB/s | 2GB/s | 4GB/s |
| 2.0 | 8b/10b | 5GT/s | 500MB/s | 2GB/s | 4GB/s | 8GB/s |
| 3.0 | 128b/130b | 8GT/s | 984.6MB/s | 3.938GB/s | 7.877GB/s | 15.754GB/s |
| 4.0 | 128b/130b | 16GT/s | 1.969GB/s | 7.877GB/s | 15.754GB/s | 31.508GB/s |
| 5.0 | 128b/130b | 32或25GT/s | 3.9或3.08GB/s | 15.8或12.3GB/s | 31.5或24.6GB/s | 63.0或49.2GB/s |

对PCI-E原理有兴趣的读者可以去找资料进行学习。不同的CPU和不同的主板提供了不同的PCI-E策略。所以这里讨论的是一些个例，篇幅有限，只能以点概全。具体仍然要参考对应CPU和主板的说明书来查询具体的参数和配置信息。

（1）各种总线

现在的CPU已经融合了北桥的功能，包括了内存控制和PCI-E控制，并与芯片组，也就是留下的南桥进行通信，使用的是PCI-E通道。而在与芯片组通信时，使用的是DMI总线，其实就是PCI-E×4的通道。

（2）CPU总线

CPU才是运算核心，在实际使用时，与CPU直接通信的设备，速度肯定要快，比如内存。直连的那16条PCI-E通道，就是为了同显卡一样的设备进行高速通信，才这么设计。有些主板，提供了2～3个PCI-E插槽。

如果插1个显卡到×16插槽上，就占用了全部的16条通道。如果组建SLI或者交火，需要2块，主板会自动将总线进行拆分，分成2个×8通道，总和要16条，可以用得少但超不了。Intel平台的通道数量，可以参考表4-2。

表4-2

| 代号 | 型号 | 通道数 | 规格 |
|---|---|---|---|
| SNB | 2700K | | 2.0 |
| IVB | 3770K | | 3.0 |
| HSW | 4770K | | |
| HSW | 4790K | | |
| BDW | 5775C | 16 | |
| SKL | 6700K | | |
| KBL | 7700K | | |
| CFL | 8700K | | |
| CFL | 9900K | | |

通过计算，现在主流显卡在×8及×16上的差距非常小，×8基本上

满足显卡带宽的需求。所以组建双显卡，并不会产生瓶颈。

至于第三条插槽，则需要看说明书来判断。如果走的是CPU直连，就会变成×8+×4+×4模式。如果不是直连，那就不要考虑三卡交火了，主板也会说明不支持的。

如果只使用一块显卡，那么第二条插入固态PCI-E卡接固态的话，因为走的是×4，显卡最终走的将是×8，而会空出×4直连通道。如果和第三槽搭配，上2个固态，就非常完美了。

（3）芯片组通道

除了CPU提供通道外，芯片组也提供24条PCI-E通道来对应主板接驳的设备。Intel主要芯片组总线如表4-3所示。

表4-3

| P67 | | |
|---|---|---|
| Z77 | 8 | 2.0 |
| Z87 | | |
| Z97 | | |
| Z170 | 20 | |
| Z270 | | 3.0 |
| Z370 | 24 | |
| Z390 | | |
| X79 | 8 | 2.0 |
| X99 | | |
| X299 | 24 | 3.0 |

这些通道有时提供额外的SATA接口、USB接口以及其他接口，最常见的就是提供M.2接口和通道。当然，不是说M.2就一定走芯片组通道，这要看说明书。如果是走芯片组通道，会提示SATA/PCI-E都能走。如果走的是CPU直连，只能走PCI-E通道。

（4）瓶颈

其实有些聪明的读者已经发现了，芯片组提供的通道确实不少，达到20多条了，远远大于CPU直连提供的。但是问题就是这个DMI总线只有4条。这个产生的问题就在于，如果是H系列或B系列，不是Z系列这种可以提供双显卡的，如M.2固态，只能走芯片组通道。M.2固态，主流的速度都达到了4×，如果不考虑其他设备分流，基本可以跑满。如果安装2个固态，那就有点坑了。

并不是说不能用，而是不能两块同时都跑满速。一般不可能出现两块都使用，而且都跑满速的情况。但是有些用户搭建RAID或者服务器，那就有可能。

（5）合理规划

建议如下：如果是单显卡、单固态，那么请随意；如果想多显卡，双显卡需要挑选支持的主板，三显卡请先查阅主板说明。

想使用多固态，也要查看说明书，如果主板支持，可以做双固态直接走直连CPU通道，最有优势。如果都是M.2，查看主板说明，看看走的什么通道。双固态都走芯片组，就要做好无法全部满速的准备。其他设备也是类似。

有些主板插入了M.2接口，有2个SATA接口不能使用，就是因为这些额外的SATA接口和M.2共用了一个通道所致。

不同的平台、不同的CPU、不同的主板都有不同的总线和接口策略。用户最终应该先阅读主板及CPU说明书，然后总结出插槽走线、提供的通道数量、共用哪些通道，最终做出合理的规划和安排。

第5章

内存主要
参数及选购

**学习目的与要求**

在前面的章节中，介绍了CPU和主板的相关知识，CPU获取数据的来源有多种，但各种数据都需要先载入到内存中，寄存后由CPU缓存读取进来。所以内存的频率和好坏，直接关系到电脑的速度。本章将向读者介绍内存的主要参数和选购技巧。内存是电脑中的主要部件，它是相对于外存而言的。

用户拆开电脑，拔下内存，注意观察内存的结构，记录下标签信息，以方便与本章的知识做比较。

**知识实操要点**

◎ 安装与更换内存
◎ 查看自己的内存结构及参数
◎ 了解内存的参数及选购

## 5.1 认识内存

内存是电脑中重要的部件之一，它是CPU与存储数据之间沟通的桥梁。内存（Memory）也被称为内部存储器，其作用是暂时存放CPU中的运算数据，以及与硬盘等外部存储器交换数据，供CPU使用。其实，准确地说，内存并不是与CPU直接通信，而是与CPU的高速缓存之间进行数据的交换。但通常情况下，默认当作与CPU之间进行通信。

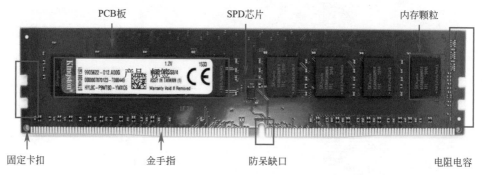

图 5-1

### 5.1.1 内存的组成

现在比较主流的就是DDR4内存，也可以说是第四代内存。经过多代的发展，内存的外观，除了增加了一些散热马甲外，基本与当初的结构类似。

如图5-1所示内存的主要组成部分如下。

（1）PCB板

一块印刷电路板，用于安放内存各零件所使用的基板。

（2）固定卡扣

与主板上的对应插槽的卡扣对应，用来将内存固定到主板上。

（3）防呆缺口

与内存插槽的防呆缺口对应，防止插入错误的内存代数，也防止内存插反。

（4）SPD芯片

用来存储内存的标准工作状态、速度、响应时间等参数，用来协调和电脑同步工作的一块可擦写的存储器。

（5）金手指

一旦电脑开不了机，最常见的办法就是擦拭下内存的金手指。

金手指是内存条上与内存插槽之间的连接部件，所有的信号都是通过金手指进行传送的。金手指由众多金黄色的导电触片组成，因其表面镀金，而且导电触片排列如手指状，所以称为"金手指"。金手指实际上是在覆铜板上通过特殊工艺再覆上一层金，因为金的抗氧化性极强，而且传导性也很强。不过因为金昂贵的价格，目前较多的内存都采用镀锡来代替。

（6）电阻电容

内存运行需要使用的电气零件。为了控制体积，元器件基本为贴片式的。

（7）标签

用来标识出内存的生产厂商、内存型号等，也是用户用来识别内存的一个重要的途径。

（8）内存颗粒

内存上面一个个的小型集成电路块就是内存颗粒。内存颗粒是内存条重要的组成部分，内存颗粒直接关系到内存容量的大小和内存品质的好坏。因此，一个好的内存必须有良好的内存颗粒作保证。

不同厂商生产的内存颗粒品质、性能都存在一定的差异，一般常见的内存颗粒厂商有镁光、海力士、三星等。内存颗粒生产厂商或自己制造内存条，或将内存颗粒供应给内存条组装厂商。

### 5.1.2 内存的发展历程

内存从出现到现在，其实时间并不长，内存发展经历了几个重要的阶段DDR SDRAM、DDR2、DDR3、DDR4。

（1）DDR SDRAM

DDR全称是DDR SDRAM（Double Data Rate SDRAM，双倍速率SDRAM），如图5-2所示。

图 5-2

DDR运行频率主要有100MHz、133MHz、166MHz等，由于DDR内存具有双倍速率传输数据的特性，因此在DDR内存的标识上采用了工作频率×2的方法，也就是DDR200、DDR266、DDR333和DDR400。其最重要的改变是在数据传输上，它在时钟信号的上升沿与下降沿均可进行数据处理，使数据传输率达到SDR（Single Data Rate）SDRAM的2倍。至于寻址与控制信号，则与SDRAM相同，仅在时钟上升沿传送。

（2）DDR2

DDR2/DDR II（Double Data Rate 2）SDRAM，如图5-3所示，是由JEDEC（电子设备工程联合委员会）提出的内存技术标准，它与上一代DDR内存技术标准最大的不同就是：虽然同是采用了在时钟的上升/下降沿同时进行数据传输的基本方式，但DDR2内存却拥有两倍于上一代DDR内存预读取能力，即4bit数据预读取。

图 5-3

由于DDR2标准规定所有DDR2内存均采用FBGA封装形式，而不同于广泛应用的TSOP/TSOP-Ⅱ封装形式，FBGA封装可以提供更为良好的电气性能与散热性，为DDR2内存的稳定工作与未来频率的发展提供了坚实基础。

（3）DDR3

DDR3如图5-4所示，提供了相较于DDR2 SDRAM更高的运行效能与更低的电压。

图5-4

DDR3内存在达到高带宽的同时，其功耗反而可以降低，其核心工作电压从DDR2的1.8V降至1.5V，相关数据显示DDR3比DDR2节省30%的功耗，当然发热量也不需要担心。

（4）DDR4

DDR4是现在主流的内存规格，如图5-5所示。DDR4相比DDR3最大的区别有三点：16bit预读取机制（DDR3为8bit），同样内核频率下，理论速度是DDR3的2倍；更可靠的传输规范，数据可靠性进一步提升；工作电压降为1.2V，更节能。

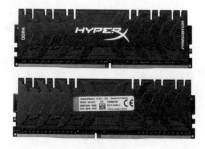

图5-5

DDR4比DDR3功耗更低：DDR4在使用了3DS堆叠封装技术后，单条

内存的容量最大可以达到目前产品的8倍之多。DDR3内存的标准工作电压为1.5V，而DDR4降至1.2V，移动设备设计的低功耗DDR4更降至1.1V。

在外形方面，内存插槽不同：在外观上DDR4将内存下部设计为中间稍突出、边缘稍矮的形状。在中央的高点和两端的低点以平滑曲线过渡。

（5）DDR5

技术已经成熟，但仍需要CPU和主板的支持。DDR5的性能较DDR4提升了大约36%，比DDR3提升了一倍。

### 5.1.3 内存的工作原理

接下来简单介绍内存的工作原理。

（1）内存寻址

内存从CPU获得查找某个数据的指令，然后在找出存取资料的位置时（这个动作称为"寻址"），它先定出横坐标（"列地址"），再定出纵坐标（"行地址"），这就好像在地图上画个十字标记一样，非常准确地定出这个地方，如图5-6所示。

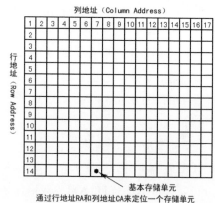

通过行地址RA和列地址CA来定位一个存储单元

图5-6

对于电脑系统而言，找出这个地方时还必须确定位置是否正确，因此电脑还必须判读该地址的信号，横坐标有横坐标的信号（RAS信号，Row Address Strobe），纵坐标有纵坐标的信号（CAS信号，Column Address Strobe），最后再进行读或写的动作。

（2）内存传输

为了存储资料，或者是从内存内部读取资料，CPU都会为这些读取或写入的资料编上地址，这时CPU会通过地址总线（Address Bus）将地址送到内存，然后数据总线（Data Bus）就会把对应的正确数据送往微处理器，也就是传回去给CPU使用。

（3）存取时间

所谓存取时间指的是CPU读或写内存内资料的过程时间，也称为总线循环（bus cycle）。以读取为例，从CPU发出指令给内存时，便会要求内存取用特定地址的特定资料，内存响应CPU后便会将CPU所需要的资料送给CPU，一直到CPU收到数据为止，便成为一个读取的流程。常说的6ns就是指上述过程所花费的时间，而ns

便是计算运算过程的时间单位。

（4）内存延迟

内存的延迟时间，也就是所谓的潜伏期（从FSB到DRAM），等于下列时间的总和：FSB同主板芯片组之间的延迟时间（±1个时钟周期）；芯片组同DRAM之间的延迟时间（±1个时钟周期）；RAS到CAS延迟时间，RAS（2～3个时钟周期，用于决定正确的行地址），CAS延迟时间（2～3时钟周期，用于决定正确的列地址）；另外还需要1个时钟周期来传送数据，数据从DRAM输出缓存通过芯片组到CPU的延迟时间（±2个时钟周期）。

内存延迟涉及四个参数：CAS（Column Address Strobe，行地址控制器）延迟，RAS（Row Address Strobe，列地址控制器）-to-CAS延迟，RAS Precharge（RAS预冲电压）延迟，Act-to-Precharge（相对于时钟下沿的数据读取时间）延迟。其中CAS延迟比较重要，它反映了内存从接受指令到完成传输结果的过程中的延迟。用户平时见到的数据3-3-3-6中，第一参数就是CAS延迟（CL = 3）。当然，延迟越小速度越快。

## 5.2　内存参数和选购技巧

在选择内存时，需要了解内存的一些主要参数，这样才能知道什么内存是适合的，好在什么地方，为什么这么选。

### 5.2.1 内存的代数

在选择CPU时，首先还需要查看CPU和主板的说明，确定支持的内存代数，上一代的内存是不能使用在新一代的主板上的。

### 5.2.2 内存的频率

仍然要参考CPU和主板支持的范围来进行选择，可以通过CPU和主板说明来综合考虑内存频率的选取，比如酷睿i9-9900K支持的内存频率如图5-7所示，以及对应的主板支持的内存频率，如图5-8所示。在不考虑超频的情况下，用户可以安装DDR4 2666及以上频率的内存，比较能发挥出内存全部优势。当然，也可以酌情使用更高频率的内存。

**内存参数**

| | |
|---|---|
| 支持最大内存 | 128GB |
| 内存类型 | DDR4 2666MHz |
| 内存描述 | 最大内存通道数：2<br>最大内存带宽：41.6GB/s<br>ECC内存支持：否 |

图 5-7

**内存规格**

| | |
|---|---|
| 内存类型 ⓘ | 4×DDR4 DIMM |
| 最大内存容量 ⓘ | 64GB |
| 内存描述 ⓘ | 支持DDR4 4266、DDR4 4133、DDR4 4000、DDR4 3866、66、DDR4 3400、DDR4 3333、DDR4 3300、DDR4 3200、666、DDR4 2400、DDR4 2133MHz内存 |

图 5-8

**知识点拨**

**主板怎么支持那么高的频率？**

有些人要问了，主板怎么支持那么高的频率内存？需不需要买对应频率的内存？CPU好像不支持吧。

比如主板支持的频率是2666，当使用了睿频或者CPU在超频的情况下，内存频率也会随之上升。在这种情况下，高端主板就会支持更高频率的内存工作。从官方的内存说明上面也可以看到，2666以上的频率都是超频而来的。普通用户在不超频而仅仅使用睿频的情况下，选择2666就够用了。

平时挂在嘴边的DDR4 2666、DDR4 2400后面的2666和2400就是内存频率值。内存频率通常以MHz（兆赫兹）为单位来计量，内存频率在一定程度上决定了内存的实际性能，内存频率越高，说明该内存在正常工作下的速度越快。

（1）核心频率

一般有133MHz、166MHz、200MHz三种。

（2）工作频率

DDR内存的工作频率是核心频率的2倍，对应着266MHz、333MHz、400MHz。

（3）等效频率

等效频率其实就是内存标签上标注的数值，DDR内存的等效频率是核心频率的2倍，DDR2是4倍，DDR3是8倍，DDR4暂定16倍。看到这里会发现这和预读字节的数字是一样的。

而平时看到的内存条标签上的数值，比如1333、1600、2133、2400、2666、3000这些都是等效频率，是通过技术提升后，实际传输速率，CPU处理数据时，需要的内存性能也是看这个等效频率。通常情况下，等效频率=实际工作频率×2，所以才会出现像CPU-Z这样的工具中，显示内存频率只有标签值一半的情况，如图5-9所示。

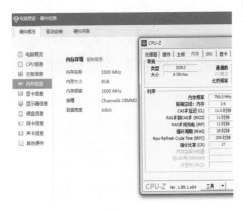

图 5-9

（4）工作模式

● 同步模式：内存的实际频率和CPU的外频是一致的，大部分主板采用了该模式。

● 异步模式：允许内存的工作频率与CPU的外频存在差异，让内存工作在高出或低于系统总线的速度频率上，或者按照某种比例进行工作。这种方法可以避免超频导致的内存瓶颈问题。

（5）内存XMP超频

在硬件条件满足的情况下，在BIOS中，或者直接使用主板的超频按钮，或者使用厂家提供的超频软件即可超频。也可以使用自带的动态频率调节来自动进行超频。如使用XMP等就可以随意超频，风险还是比较低的。

扩展阅读：
使用XMP调整内存频率

### 5.2.3 内存搭配的选择

从理论角度来说，当然是选择和当前CPU和主板都支持的频率的内存比较好。如果用户还考虑超频等因素，可以选择略高点的频率也可以。有人问，CPU只支持DDR4 2666的内存，买了DDR4 3000的怎么办？

其实，只要是同代的内存条，都是向下兼容的，如果在不超频的正常情况下，3000会降频到2666来使用。所以用户只要考虑价格因素，如果能接受，或者是高频的打折，就可以上高频的。

如果用户是超频使用，建议上一些高品质的高频内存，这样更能发挥出内存和机器整体的性能。

### 5.2.4 内存容量

现在的平台，基本上都是DDR4

起步了，在以后基本都是Windows 10系统的情况下，建议8G起步，16G标配，在经费允许的情况下，也可以选择更大容量的内存。现在的主板和CPU也支持更大内存，如图5-10所示。

图5-10

### 5.2.5 内存电压及低电压内存

内存正常工作，需要一定的电压值。不同类型的内存，电压也不同，但各自均有自己的规格，超出其规格，容易造成内存损坏。DDR4内存的电压是1.2～1.35V。

那么低电压什么意思呢？普通的DDR3内存条额定工作电压是1.5V，而DDR3L的电压市面上有两种标注版本：一种是1.35V，如图5-11所示；另一种是1.28V。一般名称后会加上L，就是低电压的缩写，意味着这个内存条是低电压版。

图5-11

低电压版相较于普通电压的内存，工作时性能会略低，但重要的是功耗也更低。一般情况下，L版本的内存只应用于笔记本、服务器、一体机等便携或有能耗要求的设备上，台式电脑尤其是游戏用主机很少出现。DDR4低电压版一般就是1.2V，但命名并不带L，用户选择起来需要注意，如图5-12所示。

图5-12

### 5.2.6 双通道技术

双通道就是在CPU芯片里设计两个内存控制器，这两个内存控制器可相互独立工作，每个控制器控制一个内存通道。这两个内存控制器通过CPU可分别寻址、读取数据，从而使内存的带宽增加一倍，数据存取速度也相应增加一倍（理论上）。

组建双通道非常简单。只需保证两个通道的内存代数相同、频率相等即可，这既是充分条件也是必要条件。另外需要注意的一点是，除非特别说明，尽量按照厂商的产品说明书在允许的位置插入相同通道的内存，如能正常开机，双通道已经开启成功。当然除了双通道，还有三通道技术。

在插内存时，一定要看好双通道的标识，一般主板以颜色进行区分，如图5-13所示。

图 5-13

**组建双通道**

尽量选择相同品牌、相同规格的，也就是代数、频率、大小等相同的内存。

那么不同怎么办？从理论上来说，也是可以的，但代数必须相同。不同厂家的，理论上也是可以的；不同容量的，也可以，组成的叫非对称双通道。比如一个16G和一个4G的，组成后，16G中的4G和另一个4G为双通道，而余下的12G则是单通道。

不同频率的呢？其实也是可以的。比如，机器上使用的是DDR4 2666内存，加了一个2400的内存，那么2666内存就降频为2400，然后和2400组成双通道，

频率为2400。这一点也适用于两根不同频率的内存同时使用时，一般高频的那根会降频成低频的使用。

既然都可以，为什么还要强调最好一样呢？因为不同内存具有不同体质，有时就算是相同的内存也会产生问题，导致组建不了。不同厂商、不同容量、不同频率的内存组建双通道更是如此。有时就算是不组建双通道，正常安装也无法同时使用。考虑到兼容性的问题，建议读者在配电脑时，可以一步到位，选择套装内存，如图5-14所示。升级时，尽量选择一样的。

图 5-14

### 5.2.7 内存标签信息的含义

内存上或者包装上会有标签，显示有内存的信息，有些可能需要拆了散热马甲才能看到。以金士顿内存为例，如图5-15所示。

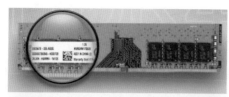

图 5-15

该标签左侧的三行英文为产品的安全识别码、产品的序列号和内存ID信息，用户可以忽略不看。右侧上方1.2V说明该内存的标准供电为1.2V。名称下的 ASSY IN CHINA（2）表示在中国组装制造，（2）代表深圳，（1）代表上海。最下面一行是撕毁无效的意思。

最重要的是产品型号编码这一行：KVR24N17S8/8，其中：

● KVR：金士顿经济型产品，其他的还有KHX是骇客神条，金士顿的高级超频专用内存等。

● 24：代表内存频率是2400。其他数字含义还有21-2133、26-2666、32-3200等。

● N：代表无缓冲DIMM（非ECC），一般代表台式机使用。其他的还有S代表SO-DIMM，无缓冲（非ECC），一般代表笔记本使用。

● 17：代表内存CL值为17。

● S8：代表内存是单面8颗内存颗粒。

● 最后的8：代表该内存容量是

8GB。有些结尾，如8GX，代表2条套装。

### 5.2.8 从软件上查看内存信息

扫一扫 看视频

除了操作系统中可以看到内存的容量信息外，用户也可以使用第三方工具查看内存的相关信息。

比如，从CPU-Z中的"内存"选项卡选项卡中，可以查看到内存的类型、大小、频率、异步比率、通道数、CL值等信息，如图5-16所示。

图 5-16

从"SPD"选项卡中，也可以看到更加详细的信息，如图5-17所示。

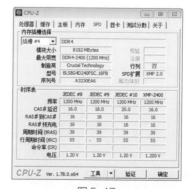

图 5-17

## 5.2.9 散热马甲及RGB内存

以往的内存，运行在一个预设的水平，并不需要特殊的散热条件。现在的用户超频水平明显提高，再加上技术已经成熟，手段也简单多样，超频已经成为很多用户的选择。在这种情况下，内存厂商为了提高内存的稳定性和可超频性，就必须解决内存发热量变大的问题，散热马甲应运而生。用户在选购时，可以根据实际用途和情况选择，当然，用户也可以单独购买散热马甲来自行安装，如图5-18所示。

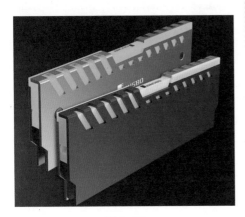

图 5-18

至于RGB，顾名思义，这一类配件不论性能配置高低，一定具备的共性就是RGB灯。RGB内存，就是带有RGB灯的内存条。

其实RGB内存的前身是马甲条，也就是带有金属散热片的内存条。在马甲条发展遇到了瓶颈时，厂商为了能够推动产品销售，在马甲条的马甲上费尽心思，从材料到外形再到结构，终于集成了RGB LED灯的产品脱颖而出并迅速火爆全球，因为其非常酷炫，如图5-19所示。

图 5-19

许多理智的用户不难发现，RGB内存其实并没有优秀到那么夸张的程度，对游戏娱乐并没有太大的帮助。真正决定一款RGB内存优劣的，还是内存条本身选用的颗粒、PCB板的质量、散热片结构设计以及针对内存超频的优化等。

## 5.2.10 比较常见的内存品牌

尽量选择内存颗粒生产厂家或者知名组装厂商，他们的产品都会经过严格检测，质量可以得到保证。大部分知名内存厂家都可以做到终身固保，所以用户对售后不需要太过担心。在选择时，可以考虑以下生产厂商：金士顿Kingston，威刚ADATA，海盗船Corsair，三星SAMSUNG，宇瞻Apacer，芝奇G.SKILL，海力士Hynix，英睿达Crucial，金邦GEIL等。

## 5.2.11 内存品质

有些不良商家会使用回收的内存

颗粒，经过打磨后，印上新的标识，按照正常产品销售给用户，这种情况叫做打磨。正常的颗粒一般很有质感，会有荧光或哑光的光泽。如果颗粒表面色泽不纯，甚至比较粗糙、发毛，那么极有可能是打磨内存。

在拿到内存后，观察下内存的电路板，查看电路板是否板面光洁，色泽均匀，元器件整齐划一，焊点均匀有光泽，金手指崭新光亮，不要有划痕和发黑现象。板上应有厂家的标识。

### 5.2.12 内存和系统

有些用户属于入门级使用者，那么4GB起步，8GB完全满足了；而游戏玩家，建议16GB起步，可以组8GB双通道来使用。发烧及超频玩家建议选择颗粒品质好、散热配置较完善的内存，16GB双通道是比较好的选择。

超过4GB，建议使用64位的Windows 10。这样才能识别到全部内存，而且能发挥出内存和整个系统的最大优势。而如果安装了32位的系统，内存可能只能识别到4GB左右，这和32位系统的逻辑地址寻址能力有关，它的逻辑地址寻址范围只有$2^{32}$，也就是4G。以前经常会看到大内存只显示能使用3GB多的情况，如图5-20所示。

图 5-20

## 5.3 主流内存产品介绍

现在内存已经进入了一个成熟期，各种产品层出不穷，用户的挑选余地更大了。下面介绍一些比较常见的大品牌内存及其参数，供用户在挑选时进行比较。

（1）金士顿骇客神条FURY 8GB DDR4 2400

图 5-21

产品如图5-21所示，台式机内存，DDR4，容量为8GB，频率为2400MHz，288针脚，CL延迟为15，1.2V电压，有自动超频功能。雷电系列针对新款Intel和AMD芯片组进行了优化。支持Intel的XMP，超频非常简单。金士顿的骇客神条系列在做工细节上稍微好一些，选择的颗粒品质好一点，运行稳定性更高。频率2133 ～ 3466MHz，CL15 ～ 19，单条容量为4 ～ 16GB，套装为16 ～ 64GB，满足不同用户的需求。

（2）芝奇Ripjaws Ⅴ 8GB DDR4 2133

产品如图5-22所示，台式机内存，DDR4，8GB容量，频率为2133MHz，CL延迟为15-15-15-35，1.2V工作电压。

图 5-22

Ripjaws Ⅴ更面向主流市场。内存频率从2133MHz起步，最高频率可达到3733MHz，并且拥有8GB、16GB和32GB等单条容量规格，最高支持64GB的超大容量。高品质内存颗粒，

支持XMP2.0，终身保固。通过XMP，可以达到3600MHz，如图5-23所示。

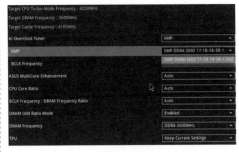

图 5-23

（3）三星8GB DDR4 2400（笔）

产品如图5-24所示，笔记本内存，单条8GB，DDR4 2400MHz，BGA封装，电压为1.2V，享受全国联保及三包服务。

图 5-24

---

知识超链接　　　　ECC内存浅析

ECC是"Error Checking and Correcting"的简写，中文名称是"错误检查和纠正"。ECC内存，即应用了能够实现错误检查和纠正技术的内存条，一般多应用在服务器及图形工作站上，使整个电脑系统在工作时更趋于安全稳定。

电脑宕机，莫名重启，或者出现蓝屏，对于一般用户来说，或许没那么严重。但是对于像云服务器或者超级电脑这种全天候运行的系统来说，一次严重的宕机就意味着数据损失，

服务中断，可能还会造成不可估量的经济损失。而ECC内存技术的出现可以在一定程度上避免这个问题。ECC内存如图5-25所示。

图5-25

ECC的原理就是用数学方法快速检查数据错误，这种方法在公元前150年就出现了。当时的犹太人员发明了一种方式，通过查看一页或一行的字数来快速查看是否有誊写错误。ECC内存可以快速检查和纠正最常见的数据丢失和数据损坏。

（1）ECC内存的重要性

用于大规模计算的云服务和虚拟机应用越来越广泛，也就意味着服务器不仅仅只对大公司，对普通的消费者来说也是很重要的。比如个人微信和百度云，储存宝贵个人数据的服务器使用ECC内存来防止内存错误。否则的话，可能就无法访问数据了，严重的话会造成数据丢失。

（2）ECC工作原理

像电磁场甚至宇宙射线干扰，都会造成单个比特值的变化，而1个比特只有0和1两个值。一般来说，1个字节由8个比特组成，在机器语言里面，就代表1个字母或数字。如果对于系统运行很重要的字节，单个比特的值发生变化可能就会产生乱码了，宕机或者故障就产生了。

ECC内存先通过"奇偶校验检查"的方法来检查错误，也就是另外储存一个"奇偶校验"，其值为8个比特组里所有"1"的和，结果无非奇或偶，即1或0。如果内存下次访问数据时候，其和与奇偶校验比特的值不一样的话，系统就知道至少有一个比特的值错了。这种情况下ECC内存就会用一段存储原始数据时通过特殊算法生成的代码来校正错误，恢复原始的8比特数据。

（3）ECC的选择

如果不是要搭建服务器且对宕机没有严格要求的话，个人觉得没必要用ECC。原因其实很简单，ECC内存价格更高，性能更差，因为要进行的运算更多。更重要的一点是，它不能和消费级主板兼容。而且因为ECC内存没有散热的马甲片，使用颗粒好、频率更高的RGB内存会更好。

第6章

熟悉其他
内部部件

## 学习目的与要求

前面介绍了比较重要的电脑内部的三大部件。如果系统出现问题，可以使用带有核显的CPU、主板、内存，即可开启电脑，使用这种最小化平台来测试系统硬件。

在电脑内部，除了CPU、主板、内存外，还有一些正常使用所不可缺少的设备，如硬盘、显卡、机箱电源。本章将介绍这三种部件的功能、参数和选购。至于光驱等部件，因为目前基本淘汰了或者很少使用，就不做重点介绍了。完成本章的学习后，用户就可以自己配置满足需求的主机了。

在学习本章前，用户可以使用第三方工具来检测并查看硬盘、显卡等信息，并可以通过阅读电源标签了解自己使用的电源信息。

## 知识实操要点

◉ 了解硬盘的工作原理及参数
◉ 了解显卡的参数及选购技巧
◉ 了解电源的参数及选购
◉ 了解机箱的相关参数

## 6.1 硬盘的参数及选购

硬盘作为电脑最重要的外部存储设备，经过多年的更新换代以及改良，现在已经过渡到固态硬盘了。虽然价格还是相对较高，但是比机械硬盘要快很多倍，可以当快速启动的系统盘使用。前面的章节已经浅析了固态硬盘的一些技术参数，本节就将详细告诉读者两者的区别、主要参数和挑选的技巧。

### 6.1.1 硬盘的构造和区别

硬盘是电脑主要的存储设备，主要分为机械硬盘和固态硬盘。

（1）机械硬盘

机械硬盘如图6-1所示，由一个或者多个铝制或者玻璃制的碟片组成。这些碟片外覆盖有铁磁性材料。绝大多数硬盘都是固定硬盘，被永久性地密封固定在硬盘驱动器中。

图6-2

一般机械硬盘的外部采用不锈钢材质制作，用于保护内部元器件。通常表面有信息标签，用于记录硬盘的基本信息。

① 硬盘电路　硬盘的反面安装有电路板，如图6-3所示，安装有贴片式元器件。主要负责控制盘片转动、磁头读写、硬盘与CPU通信。其中，读写电路负责控制磁头进行读写，磁头驱动电路控制寻道电机，定位磁头。而磁盘电路板主要有主控制芯片、电机驱动芯片、缓存芯片、硬盘BIOS芯片、晶振、电源控制芯片、贴片电阻电容、磁头芯片等。

图6-1

除了常见的用在台式机上的3.5寸硬盘外，还有用在笔记本上的2.5寸的机械硬盘，如图6-2所示。

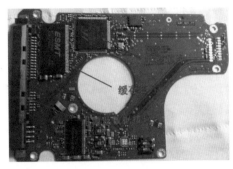

图6-3

其中比较重要的是主控芯片，控制着整个芯片的工作，负责数据交换和处理，就是硬盘的处理器。缓存，用来为数据提供暂时存储空间，一般笔记本有8MB，16MB。现在的桌面级硬盘，达到了64MB、128MB以及256MB。缓存越大，硬盘性能越高。

② 硬盘内部　机械硬盘的内部如图6-4所示，主要由磁盘、磁头、盘片转轴及控制电机、磁头控制器、数据转换器、接口、缓存等几个部分组成。

图6-4

磁头可沿盘片的半径方向运动，加上盘片每分钟几千转的高速旋转，磁头就可以定位在盘片的指定位置上进行数据的读写操作。信息通过离磁

性表面很近的磁头，由电磁流来改变极性方式，被电磁流写到磁盘上，信息可以通过相反的方式读取。硬盘作为精密设备，尘埃是其大敌，所以进入硬盘的空气必须过滤。

③ 盘体及磁头　盘体是以坚固耐用的材料为盘基，将磁粉附着在平滑的铝合金或玻璃圆盘基上。这些磁粉被划分成称为磁道的若干个同心圆，每个同心圆就好像有无数的小磁铁，它们分别代表着0和1状态。当小磁铁受到来自磁头的磁力影响时，其排列方向会随之改变，这就是磁盘记录数据和读取数据的原理了。

由于工作的性质，磁头对磁感应的要求非常高。磁头是在高速旋转的盘片上悬浮的，悬浮力来自盘片旋转带动的气流，磁头必须悬浮而不是接触盘面，避免盘面和磁头发生相互接触的磨损。现在的多磁头技术，通过在同一碟片上增加多个磁头同时读或写来为硬盘提速，或在多碟片同时利用磁头读或写来为磁盘提速，多用于服务器和数据库中心。所以一个机械硬盘中可能有多个磁盘和多个磁头。

④ 接口　机械硬盘现在基本都是SATA接口了，如图6-5所示。包括

图6-5

SATA的数据线接口和电源接口，都有L形的防呆设计。用户在接线时需要注意方向。

（2）固态硬盘

固态硬盘也叫SSD，按照接口区分，可以分为SATA接口的，如图6-6所示；M.2接口的，如图6-7所示；以及mSATA接口的，如图6-8所示。

图6-6

图6-7

图6-8

① 三 种 固 态 的 区 别　其 实，SATA接口的固态一般都是2.5英寸的，适用于大多数笔记本电脑和台式电脑

的驱动器槽。由于许多用户会使用固态硬盘替换机械硬盘，因此2.5英寸硬盘已成为所有HDD和SSD的标准配置，方便用户进行升级。

M.2接口的固态因为可以使用更高的PCI-E传输通道，速度要比SATA硬盘快，所以逐渐变成了主流。

小型SSD被称为mSATA。mSATA固态硬盘的尺寸为2.5英寸硬盘的八分之一，只能用于系统主板上的mSATA插槽中。mSATA硬盘用于超薄和小型设备中，或用作台式机中的辅助硬盘，一般很少使用。

② SATA固态的结构　普通的SATA固态硬盘，除去保护壳，可以看到，内部其实就是一块集成电路板，如图6-9所示。

图6-9

● 主控：作用一是合理调配数据在各个闪存芯片上的负荷，二是承担了整个数据中转，连接闪存芯片和外部SATA接口。不同的主控之间，能力相差非常大，在数据处理能力、算法上，对闪存芯片的读取写入控制上会有非常大的不同，直接会导致固态硬盘产品在性能上产生很大的差距。

● 闪存颗粒：闪存（Flash Memory）本质上是一种长寿命的非易失性（在断电情况下仍能保持所存储的数据信息）的存储器，数据删除不是以单个的字节为单位而是以固定的区块为单位。在固态硬盘中，NAND闪存被大范围运用。根据NAND闪存中电子单元密度的差异，又可以分为SLC（单层次存储单元）、MLC（双层存储单元）以及TLC(三层存储单元）。

**闪存颗粒的种类和区别**

SLC、MLC、TLC三种类型的颗粒在寿命以及造价上有着明显的区别。

■ SLC（单层式存储）

每个存储单元内存储1个信息位，称为单阶存储单元（Single-Level Cell，SLC）。SLC闪存的优点是传输速度更快，功率消耗更低，存储单元的寿命更长，当然成本也就更高。一般情况下，SLC多数用于企业级的固态硬盘中，由于企业对于数据的安全性要求更高，需要保存更长时间。

■ MLC（多层式存储）

可以在每个存储单元内存储2个以上的信息位。与SLC相比，MLC成本较低，其传输速度较慢，功率消耗较高，存储单元的寿命较短。但目前主流的固态硬盘中，性能较为优秀的产品选用的都是MLC颗粒，因此可以说MLC颗粒的固态硬盘拥有较高的性价比。甚至一些企业级的固态硬盘，使用的也是MLC颗粒，被专门优化过，称为eMLC颗粒，e代表的是企业（enterprise）。

■ TLC（三层式存储）

这种架构的原理与MLC类似，但可以在每个存储单元内存储3个信息位。由于存储的数据密度相对MLC和SLC更大，所以价格也就更便宜，但使用寿命更短，性能更低。目前市场上绝大多数的入门级产品使用的都是TLC颗粒。而为了解决TLC颗粒过低的写入寿命问题，许多厂商都在研发新技术，3D-TLC就是这样的技术，目前已经被比较广泛地应用在产品中，其性能甚至可以和MLC颗粒一较高下，使用寿命也得到大幅度的延长。

三种闪存颗粒在存储数据时，SLC只有2种电荷变化，MLC有4种状态，TLC则有8种状态，如图6-10所示。

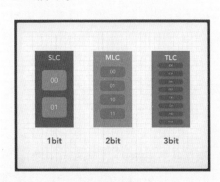

图6-10

● 缓存芯片：缓存芯片和机械硬盘类似，也用于数据的存储和快速交换使用。由于固态硬盘内部的磨损机制，就导致固态硬盘在读写小文件和常用文件时，会不断进行数据整块地写入缓存，然后导出到闪存颗粒，这个过程需要大量缓存维系。特别是在进行大数量级的碎片文件的读写进程，高缓存的作用更是明显。这也解释了为什么没有缓存芯片的固态硬盘在用了一段时间后开始掉速。

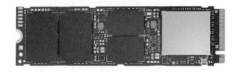

图6-11

M.2接口的固态硬盘，结构十分简单，在摘掉了马甲散热器和标签后，如图6-11所示，一块电路板上包含了主控芯片、闪存颗粒和缓存。

（3）两者的优势与劣势对比

① 写速度比较　HDD硬盘读取速度极限是200MB/s，写入速度也很难突破100MB/s；SSD硬盘在传输速度上有很大的优势，以英睿达MX系列SSD为例，顺序写入速度高达510MB/s，读取速度达到560MB/s，对于1GB的文件只需几秒就可以完成。

② 数据安全比较　传统的HDD硬盘通过磁头读取盘片来完成数据读写，在高速旋转过程中盘片和磁头碰撞更容易造成数据受损，而SSD硬盘没有盘片，只要其芯片不受到外力挤压而产生形变，数据就能安全地保存。

③ 经济方便比较　SSD硬盘在速度有很大的优势，但是由于成本更高，SSD硬盘现在的价格一般是HDD硬盘的2～3倍，但是随着固态硬盘NAND闪存芯片密度越来越大，存储量越来越高，500GB和1TB固态硬盘等大容量硬盘能够极大地满足用户需求，性价比大幅度提升。同时SSD固态硬盘在体积和质量上占优势，防振能力也更好。

④ 功耗噪声比较　HDD硬盘高速转动的盘片需要一个高功率的电机来驱动，而SSD硬盘不需要电机来驱动，所以HDD硬盘在功耗上就大了许多，工作时因电机的转动，会出现微小的振动和噪声，而SSD的硬盘没有这些问题。

⑤ 容量比较　传统的HDD硬盘容量大，目前的主流硬盘容量为500GB～2TB，而现在SSD硬盘的主流容量是250GB或者500GB，1TB的固态硬盘及更高容量的固态硬盘因其高性价比也越来越受到用户青睐。

### 6.1.2　认识机械硬盘

下面将介绍硬盘的一些主要参数以及在选购时如何参考这些数据。

（1）容量

目前基本都是1TB起步，有特殊需要的用户，可以选择2TB。机械硬盘普遍用作数据盘。

### 知识点拨

## 硬盘实际容量为什么都小于标称容量？

硬盘的容量以兆字节（MB）或千兆字节（GB）为单位，1GB=1024MB，1TB=1024GB。但硬盘厂商在标称硬盘容量时通常取1G=1000MB，因此在BIOS中或在格式化硬盘时看到的容量会比厂家的标称值要小，如图6-12所示。所以1TB的硬盘也就900多GB。而固态硬盘会保留一部分容量空间留作他用，大小一般由主控决定。所以才会有120GB、250GB类似的硬盘规格。

图 6-12

（2）转速

硬盘电机的旋转速度，一般指的是硬盘盘片在1分钟内最大的转数。它是决定硬盘内部传输率的关键因素之一，在很大程度上直接影响到硬盘的速度。硬盘的转速越快，硬盘寻找文件的速度也就越快。

家用普通硬盘的转速一般有5400rpm、7200rpm几种，高转速硬盘是台式机用户的首选，笔记本用户则以4200rpm、5400rpm为主。虽然已经有公司发布了7200rpm的笔记本硬盘，但在市场中还较为少见。服务器用户对硬盘性能要求最高，服务器中使用的SCSI硬盘转速基本都采用10000rpm，甚至还有15000rpm的，性能要超出家用产品很多。但随着硬盘转速的不断提高也带来了温度升高、电机主轴磨损加大、工作噪声增大等负面影响。笔记本硬盘转速低于台式机硬盘，一定程度上是受到这些因素的制约。

（3）平均访问时间

硬盘的平均寻道时间（Average Seek Time）是指硬盘的磁头移动到盘面指定磁道所需的时间。这个时间当然越小越好，硬盘的平均寻道时间通常在8～12ms，而SCSI硬盘则应小于或等于8ms。

（4）传输速度

指硬盘读写数据的速度，单位为MB/s。一般来说，7200rpm的台式硬盘，速度在90～190MB/s，而5400rpm的笔记本硬盘速度在50～90MB/s。

（5）缓存

由于硬盘的内部数据传输速度和

外界介面传输速度不同，缓存在其中起到一个缓冲的作用。缓存的大小与速度是直接关系到硬盘的传输速度的重要因素，能够大幅度地提高硬盘整体性能。当硬盘存取零碎数据时需要不断地在硬盘与内存之间交换数据，有大缓存，则可以将那些零碎数据暂存在缓存中，减小外系统的负荷，也提高了数据的传输速度。

### 6.1.3 认识固态硬盘

机械硬盘的发展已经相当成熟了，可挑选余地也比较小。而固态硬盘因为速度快，性价比也越来越高，所以很多厂商在做，型号层出不穷。

SSD最基本的组成部件：主控芯片、NAND闪存芯片、固件算法。组成SSD的关键部件：PCB设计、主控、NAND闪存，各家厂商之间几乎都一样，对于相同方案的产品来说，决定性能和稳定性差异的主要是固件算法。

接下来将介绍固态硬盘的一些主要参数、含义以及挑选时的注意事项。

（1）主控

主控首先就是一个执行固件代码的嵌入式处理器，用来控制闪存颗粒的存储单元连接到电脑，其具体的作用表现在以下三点。

● 合理调配数据在各个闪存芯片上的负荷，让所有的闪存颗粒都在一定的负荷下正常工作，协调和维护不同区块颗粒的协作，减少单个芯片的过度磨损。

● 承担数据中转，负责连接闪存芯片和外部的SATA接口。

● 负责固态硬盘内部的各项指令，比如trim、错误检查和纠正、磨损均衡、垃圾回收、加密等。

主控市场目前可以说被四大品牌垄断，分别是慧荣、群联、Marvell、三星。由于主控相当于电脑的CPU，通过固件对固态硬盘进行管理，所以主控性能的优劣直接影响了固态硬盘整体的性能好坏。目前市场上流通的固态产品，基本上都是这四家的主控，其中三星的主控自产自销，只能在其对应的产品上见到，如图6-13所示。

图6-13

剩下的三个品牌中，Marvell主控性能比较好，如图6-14所示，一直是主控市场上性能方面的佼佼者，当然

图6-14

价格也比较贵，但用过Marvell主控的消费者都称赞其性能及稳定性。

其次是慧荣和群联，慧荣主控的市场主要在主流及以下的固态产品上，以不错的性能和低廉的价格为主要特点，整体较为平均。群联主控性价比比较高，在中低端产品市场表现也不错。

（2）闪存颗粒

根据自身的情况，普通用户可以选择TLC或QLC，高端玩家可以选择MLC。

 术语解释

**什么是P/E寿命**

闪存完全擦写一次叫做1次P/E，因此闪存的寿命就以P/E作单位。

34nm的闪存芯片寿命约是5000次P/E，而25nm的寿命约是3000次P/E。随着SSD固件算法的提升，新款SSD都能提供更少的不必要写入量。一款120GB的固态硬盘，要写入120GB的文件才算作一次P/E。普通用户正常使用，即使每天写入50GB，平均2天完成一次P/E，3000个P/E也能用20年。

SLC约有10万次的写入寿命；成本较低的MLC，写入寿命为5000～10000次；而TLC闪存则只有500～1000次；至于QLC，则更短，理论上只有500次。

一般来说，性能以及可靠性排序是SLC>MLC>TLC>QLC，价格的话则是QLC最便宜，SLC闪存最贵，所以目前SLC闪存基本上消失了，不论消费级还是企业级应用中都少见SLC闪存了。

最新的QLC真的那么差吗？退一步说，即便QLC闪存真的只有500次P/E寿命，以1TB容量的硬盘为例，每天日常使用的写入量大概是20GB，再夸大一点算作50GB，写入放大率也往大了算，算作2.0，1TB容量的QLC硬盘可以使用的时间=500×1000/（2×50×365）≈13.7年。即使再大一倍的数据量，那么QLC起码能支持7年。

实际上厂商还给了各种优化、算法以及提升性能和稳定性的技术。QLC本身也会随着厂商的增多，在技术层面有创新。所以其实并不用特别担心固态的擦写次数。Intel的QLC固态如图6-15所示。

图6-15

（3）4K对齐

4K对齐就是符合"4K扇区"定义格式化过的硬盘，并且按照"4K扇

区"的规则写入数据。而NTFS成为了标准的硬盘文件系统，其文件系统的默认分配单元大小（簇）也是4096字节，为了使簇与扇区相对应，即使物理硬盘分区与计算机使用的逻辑分区对齐，保证硬盘读写效率，就有了"4K对齐"的概念。

"4K"对不齐是因为在NTFS 6.x以前的规范中，数据的写入点正好会介于两个4K扇区之间，也就是说即使是写入最小量的数据，也会使用到两个4K扇区，显然这样对写入速度和读取速度都会造成很大的影响。对于固态硬盘来说，不但会大大地降低数据写入和读取速度，还会造成固态硬盘不必要的写入次数。

一般情况下不用太过担心，因为硬盘买回来安装使用时，都会进行格式化操作，而现在的系统Windows7以上版本中，都默认使用高级格式化分区技术，只需要跟着引导，格式化之后，就完成了4K对齐，用户也可以使用第三方软件检查是否已经4K对齐，如图6-16所示。

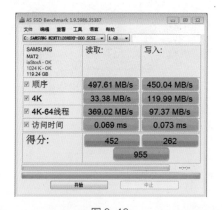

图6-16

在左上角出现"1024K-OK"字样，说明已经4K对齐。不同的硬盘可能出现不同的数值。但只要是绿色字体OK状态即可，否则是红色字体BAD状态。

（4）固态硬盘要不要分区

其实分区对SSD的寿命是没有任何负面影响的。硬盘分区实质上是对硬盘的一种高级格式化。不分区可能出现的问题是：重装系统或者系统崩溃导致数据全部清除。数据安全是要靠备份来解决的，跟是否分区没有什么关系，如果固态硬盘遇到故障，分区就没意义。

同时也可借鉴"小分区"原则。不要把SSD的容量都分满，保留一部分容量作为"空闲位置"，用于SSD内部的优化操作，如磨损平衡、垃圾回收和坏块映射。一般情况下这一步骤厂商已经设定好了，例如英睿达NAND容量128GB的SSD，厂家会标称120GB，剩下的部分就被设置成了预留空间。建议256GB及以下的固态就不要考虑分区了，作为系统盘使用即可。

（5）固态硬盘的Trim功能

Trim是优化固态硬盘，解决SSD使用后的降速与寿命的问题，通过准备数据块重用来提高SSD效率的功能。

原本在机械硬盘上写入数据时，Windows会通知硬盘先将以前的数据擦除，再将新的数据写入磁盘中。而在删除数据时，Windows只会在此处做个标记，说明这里应该是没有东西了，等到真正要写入数据时再来真正删除，并且做标记这个动作会保留在磁盘缓存中，等到磁盘空闲时再执行。

这样磁盘需要更多的时间来执行以上操作，速度会慢下来。

而当Windows识别到SSD并确认SSD支持Trim后，在删除数据时，不会向硬盘通知删除指令，只使用Volume Bitmap来记住这里的数据已经删除。Volume Bitmap只是一个磁盘快照，其建立速度比直接读写硬盘去标记删除区域要快得多。而且写入数据的时候，由于NAND闪存保存数据是纯粹的数字形式，因此可以直接根据Volume Bitmap的情况，向快照中已删除的区块写入新的数据，而不用花时间去擦除原本的数据。

在命令提示符中，输入命令"fsutil behavior query disabledeletenotify"，如果出现查询结果是0，如图6-17所示，那么就已经开启了Trim，如果是1那么就未启用。用户可以输入命令"fsutil behavior set disabledelete nofify 0"，执行后，重启电脑即可。

图6-17

## （6）M.2固态硬盘

M.2指的就是接口，原名为NGFF接口，标准名称为PCI Express M.2 Specification。它是为超极本（Ultrabook）量身定做的新一代接口标准，以取代原来基于mini PCI-E改良而来的mSATA固态硬盘。随着SATA接口瓶颈不断凸显，越来越多的主板厂商也开始在自家产品线上预留M.2接口，主流的M.2接口有三种尺寸，分别是M.2 2242、2260、2280，后两位数字代表固态的长度，如图6-18所示。

图6-18

M.2接口可以同时支持SATA及PCI-E通道，后者更容易提高速度。这里需要注意的是，M.2的连接器有三种类型，分别为Socket 1、Socket 2、Socket 3。Socket1由于尺寸比较特殊，比较少用。Socket 2支持SATA和PCI-E×2通道，Socket 3则支持PCI-E×4通道。如果是走SATA通道，传输速率就和SATA 6Gbps一模一样；如果是走PCI-E通道，才能享受到超过SATA的高速。这里面引入B key和M key这两个概念，接口连带B key一起使用，走SATA或PCI-E×2通道，就是Socket 2接口；接口连带M key一起使用，走PCI-E×4通道，就是Socket 3接口。两者区别如图6-19所示。

NVM Express（NVME），或称非易失性内存主机控制器接口规范（Non-Volatile Memory Express），是一个逻辑设备接口规范，通常是指使用PCI-E通道的SSD的一种协议规范，此规范目的在于充分利用PCI-E通道的低延时以及并行性，在可控的存储成本下，极大地提升固态硬盘的读写性能，降低由AHCI接口带来的高延时。

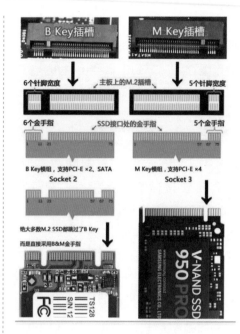

图6-19

## 6.2 显卡参数与选购

显卡是计算机用来对外进行显示的设备。显卡的好坏直接影响着用户的显示效果。核显仅限于入门级别以及优化做得相当好的游戏使用。独立显卡，对想特效全开、畅爽体验的游戏玩家来说，仍然是必不可少的。

 显卡简介

显卡（Video Card, Graphics Card）全称显示接口卡，又称显示适配器或者叫显示加速卡，如图6-20所示，为最新的TITAN RTX。

显卡作为电脑配件里的一个重要组成部分，是负责输出显示任务的组件。显卡接在电脑主板的PCI-E插槽上，具有图像处理能力，可协助CPU

图6-20

工作，提高整体的运行速度。显卡图形芯片供应商主要有AMD（超微半导体）和NVIDIA（英伟达）两家。

### 6.2.2 显卡的结构

从外观上来说，显卡非常庞大，但基本上都是一块印刷电路板加上散热器，这也和显卡的散热有一定关系。除去散热器后，就可以看到显卡的全貌了，如图6-21所示。那么显卡上面这些元器件，或者说显卡都是由什么组成的呢？

图6-21

（1）显示芯片

显示芯片是显卡的核心芯片，就是通常所说的GPU（Graphic Processing Unit），如图6-22所示。它的性能好坏直接决定了显卡性能的好坏，它的主要任务就是处理系统输入的视频信息并将其进行构建、渲染等工作。不同的显示芯片，不论在内部结构还是性能方面都存在着差异，价格差别也很大。

图6-22

图中使用的是基于图灵构架的TU102-300A，使用12nm工艺，产地为中国台湾，是由台积电制造封装的。

（2）显存

显存的作用在于缓冲和存储图形处理过程中必须的纹理材质以及相当一部分图形操作指令。在整个显卡的缓冲体系中，显存的体积是最大的。作为缓冲体系中最重要的组成部分，显存就像是一个巨大的仓库，材质也好，指令也罢，几乎所有涉及显示的东西都能装进去。如图6-23所示，为板卡上的显存颗粒。

图6-23

显存颗粒一般位于显示芯片的附近，根据不同的容量有不同的数量。图中的显存一共有11颗，采用了镁光DDR6颗粒，每颗1GB容量，加起来有11GB。

（3）供电部分及用料

显卡的稳定供电，是显卡稳定运行的前提。所谓稳定，就是显卡在满负荷运行时，电源可以提供相对稳定的电压，保证电流供应不会影响显卡性能。随着显卡规格不断发展，频率不断提高，性能越来越强，单靠一相供电已经不能满足显卡的供电需求，采用多相供电是降低显卡内阻及发热量的有效途径，同时还提高了电流输入和转换效率，在很大程度上保证了显卡的稳定运行。如图6-24所示，显卡采用了16相供电，显卡右侧有12相供电。

图6-26

图6-24

再加上左侧的4相（其中3相为显存供电，1相为核心供电），如图6-25所示，加起来正好16相。

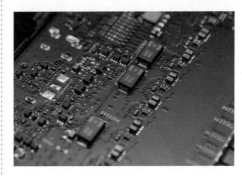

图6-27

使用超合金供电SAPII，钰邦电容，和德州仪器的95480、安森美FDMF3170这两种MOSFET，如图6-28所示。

图6-25

另外，显卡还使用了470μF的松下的高导电铝聚合物电容SPCAP，如图6-26所示。显存供电的电容是松下的100μF钽电容，如图6-27所示。

图6-28

并且使用了8+8 PIN的额外供电，最高可供应375W的电量，如图6-29所示。

图6-29

（4）显卡接口

显卡接口是显卡提供给显示设备连接，以便输出画面的接口。老式的VGA接口如图6-30所示，已经逐渐被淘汰。DVI接口如图6-31所示，也已经在淘汰的边缘。现在主流的是HDMI接口以及DP接口，如图6-32所示。其中，左侧两个是DP接口，中间的两个是HDMI接口，右边的是TYPE-C接口。

图6-30

图6-31

图6-32

（5）SLI接口

其实就是双显卡互连接口，是通过一种特殊的接口连接方式，在一块支持双PCI Express×16的主板上，同时使用两块同型号的PCI-E显卡。SLI接口也叫SLI桥，一般在显卡上部，如图6-33所示，通过SLI桥将两块显卡连接。双显卡提供更强的图形处理能力。

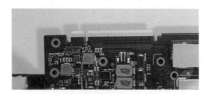

图6-33

（6）PCI-E接口

PCI-E接口是显卡接驳主板PCI-E插槽的接口。现在一般是PCI-E 3.0×16模式，带宽可以达到32Gb/s。还可以为显卡提供75W的电源供给，但是因为现在的显卡都是耗电大户，一般主流显卡都需要电源的额外供电，所以主板供电也就适合入门级显卡使用。通过PCI-E接口，显卡可以将数据与CPU及内存进行最大速度通信。PCI-E接口如图6-34所示。

图6-34

电脑组装与维修——一本通

**（7）BIOS芯片**

显卡BIOS芯片，包含了显示芯片和驱动程序的控制程序、产品标识信息。这些信息一般由显卡厂家固化在BIOS芯片中。在STRIX 2080ti上面也采用了双BIOS设计，P对应Performance（性能），Q对应Quiet（静音），如图6-35所示。

图6-36

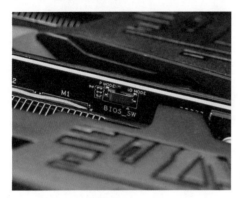

图6-35

**（8）散热系统**

显卡前面只能拆下风扇来看。显卡是发热大户，散热系统的好坏直接影响到显卡的稳定和性能。

一般显卡散热系统包括热管、风扇、外壳等，主要为显卡的GPU、供电、显存颗粒进行有效的散热。一般有底座+鳍片、热管+鳍片+风扇、以及水冷、液氮等最新散热系统。散热系统的好坏直接影响到显卡的稳定性。

如图6-36所示，显卡采用了轴流风扇，就是扇叶连接在了一起。

风扇下的热管，需要拆开风扇才能看到，如图6-37所示。和铜底接触的一共有6根热管，2.7槽厚度和

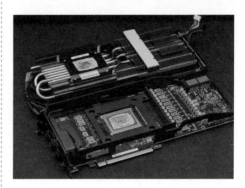

图6-37

2080的设计相同，其中有不少热管因为弯折的关系总长超过了散热器。

### 6.2.3 显卡的主要参数

选择显卡时，需要了解一些显卡的参数才能对显卡有一个全面的了解。

**（1）制造工艺**

显示芯片的制造工艺与CPU一样，也是用微米来衡量其加工精度的。制造工艺的提高，意味着显示芯片的体积将更小、集成度更高，可以容纳更多的晶体管，性能会更加强大，功耗也会降低。

七彩虹iGame GeForce RTX 2080 Ti Advanced OC这款产品就是12nm工艺，如图6-38所示。

图 6-38

（2）显示芯片

显示芯片是显卡的核心芯片，它的性能好坏直接决定了显卡性能的好坏，它的主要任务就是处理系统输入的视频信息并对其进行构建、渲染等工作。

现在的产品，也主要由显示芯片命名，比如GTX 2080 TI显示芯片就是GeForce RTX 2080TI，隶属于NVIDIA RTX 20系列，当然该系列还有2080、2070、2060等，和CPU命名类似。AMD RX5700，如图6-39所示，显示芯片就是Radeon RX 5700，隶属于AMD RX 5000系列。

图 6-39

**核心代号**

其实除了显示芯片的名称、系列外，还有一个专业名词叫做核心代号。

核心代号就是指显卡的显示核心（GPU）的开发代号。而所谓开发代号就是显示芯片制造商为了便于显示芯片在设计、生产、销售方面的管理和驱动架构的统一而对一个系列的显示芯片给出的相应的基本代号。不同的显示芯片都有相应的开发代号核心代号。如RX5700的核心代号就是NAVI XL。

（3）核心频率

显卡的核心频率是指显示核心的工作频率，其工作频率在一定程度上可以反映出显示核心的性能，但显卡的性能是由核心频率、显存、像素管线、像素填充率等多方面的情况所决定的，因此在显示核心不同的情况下，核心频率高并不代表此显卡性能强劲。在同样级别的芯片中，核心频率高的则性能要强一些，提高核心频率就是显卡超频的方法之一。

现在的显卡也出现了类似Intel CPU的睿频技术，也就是动态地自动根据应用任务状态，提升显卡的核心频率。这在N卡中，叫做Boost技术；而在A卡中，叫做Precision Boost技术。所以，用户不能只听信显卡厂商宣传的高频率，还要去对应的硬件网站具体查看下显卡的基础频率才可以，如图6-40所示。毕竟如果没有强力散热及供电支持，显卡也不可能长期工作在高频段。

图6-40

（4）显存频率

显存频率是指默认情况下，该显存在显卡上工作时的频率，以MHz（兆赫兹）为单位。显存频率在一定程度上反映该显存的速度。显存频率随着显存的类型、性能的不同而不同。

（5）显存类型和大小

和主机内存的类型类似，显存颗粒也划分代数。而且代数已经超过了内存，现在主流的一般是GDDR5及GDDR6。

术语解释

**什么是GDDR**

GDDR是为了高端显卡而特别设计的高性能DDR存储器规格，其有专属的工作频率、时钟频率、电压，因此与市面上标准的DDR存储器有所差异，与普通DDR内存不同且不能共用。一般它比主内存中使用的普通DDR存储器时钟频率更高，发热量更小，所以更适合搭配高端显示芯片。

显存的大小一般也叫显存容量，显存容量的大小决定着显存临时存储数据的能力，在一定程度上也会影响显卡的性能。显存容量也是随着显卡的发展而逐步增大的，并且有越来越大的趋势。现在主流的显存容量一般在6GB、8GB等。

（6）显存位宽

显存位宽是显存在一个时钟周期内所能传送数据的位数，位数越大则瞬间所能传输的数据量越大，这是显存的重要参数之一。显存位宽越高，性能越好，价格也就越高。现在主流的显存，位宽基本上在192bit、256bit或者是352bit。

（7）流处理器

在DX10时代首次提出了"统一渲染架构"，显卡取消了传统的"像素管线"和"顶点管线"，统一改为流处理器，它既可以进行顶点运算，也可以进行像素运算，这样在不同的场景中，显卡就可以动态地分配进行顶点运算和像素运算的流处理器数量，达到资源的充分利用。每个流处理器当中都有专门的高速单元负责解码和执行流数据。

术语解释

**CUDA是什么**

CUDA（Compute Unified Device Architecture），是显卡厂商NVIDIA推出的通用并行计算架

构，该架构使GPU能够解决复杂的计算问题。

随着显卡的发展，GPU越来越强大，而且GPU为显示图像做了优化，在计算上已经超越了通用的CPU。如此强大的芯片如果只是作为显卡就太浪费了，因此NVIDIA推出CUDA，让显卡可以发挥图像计算以外的用途。

CUDA和流处理器是两个不同的概念，CUDA是一种运算架构，流处理器是一种硬件运算单元。实际应用中，CUDA架构中的运算可以调用流处理器。

现在的CUDA，配合CPU，在高清视频编码/解码（如图6-41所示）、科学模拟运算等中可以提高运算效率和速度，也就是把显卡当CPU用，充分利用电脑硬件资源。

图6-41

开启CUDA也不是那么麻烦的事，用户只要安装了驱动，显卡就已经支持CUDA了，下一步就是下载对应的应用，以及在应用中开启CUDA支持了。

（8）显卡的接口

选择显卡，除了自身的各种参数外，还要考虑显卡和主机内部的一些组件之间的联系。

首先就是显示器，准确地说是显示器的接口。如果是新组装的电脑，那么两者之间都可以进行妥协。比如选择配合某款显示器接口的显卡，或者选择具有某种接口的显示器。如果是已经有显示器了，就要选择对应接口的显卡了。转接设备可以选择如图6-42及图6-43所示的设备。

图6-42

图6-43

**知识点拨**

**VGA被淘汰，DVI为什么也将淘汰**

VGA接口是显示器领域中唯一的模拟信号接口，而且一直都没有后续的替代产品出现。

在显卡将显示信号生成好后，无法通过VGA进行直接传输，因为VGA是传输模拟信号的，所以，显卡只能进行数模转换，才能通过VGA线传输，然后再经过模数转换进行显示。所以不如其他接口可以直接传输数字信号那样，可以做到更高的分辨率、更优质的画质等。

虽然已经被淘汰了，但是VGA接口使用范围十分宽广，支持绝大部分视频设备。这一点是DVI接口所不能及的。

DVI的淘汰，主要有如下几个因素：

适用范围窄，除了电脑和显示器，其他有DVI接口的设备很少。传输效果上，DVI接口只支持8bit的RGB信号传输，不能让广色域的显示终端发挥最佳性能。另外，DVI接口只能传输图像信号，对于数字音频信号的支持完全没有考虑。另外，传输线缆只有在5m以内才能保证信号不缺失。最后就是体积太大。最终无法与其他接口，如HDMI及DP接口相抗衡。

用户在选择显卡及显示器时，还是尽量考虑HDMI及DP接口。

（9）多显卡技术

SLI和CrossFire分别是NVIDIA和ATI两家的双卡或多卡互连工作组模式。SLI（Scan Line Interlace，扫描线交错）技术是3dfx公司应用于Voodoo上的技术，它通过把2块Voodoo卡用SLI线物理连接起来，工作的时候一块Voodoo卡负责渲染屏幕奇数行扫描，另一块负责渲染偶数行扫描，从而达到将两块显卡"连接"在一起获得"双倍"的性能。SLI中文名速力，到2009年SLI工作模式与早期Voodoo有所不同，改为屏幕分区渲染。A卡还支持一种混合交火模式，就是使用核显和独显进行交火来提升显示水平，这是只有A卡才有的技术。

现在的双卡技术不仅需要2块显卡，还需要使用桥接器进行连接，如图6-44所示。另外，交火后还需要具体游戏的支持，才能显示出双卡的威力。如果游戏没有对应优化，有时候双卡效果还不如单显卡的效果好。

图6-44

### 6.2.4 显卡参考推荐

在了解了显卡的结构及主要参数后，下面介绍下一些常见的显卡及其参数，以方便用户选择时进行参考。

（1）七彩虹iGame RTX 2080 Ti

七彩虹iGame GeForce RTX 2080 Ti Advanced，产品如图6-45所示。该卡属于NVIDIA RTX 20系列，12nm技术，1350MHz的基本频率，BOOST可达1635MHz。

图 6-45

显存频率14000MHz，GDDR6，11GB，位宽352bit，最大分辨率支持7680×4320。

PCI-E 3.0×16接口，输出有HDMI接口、3个DP接口以及一个Type-C接口。

8+8PIN的额外供电，三风扇设计，支持DirectX 12.1及OpenGL 4.5。最大功耗为250W，支持最多4屏输出。

（2）蓝宝石RX 5700 D6 白金版 OC

蓝宝石RX 5700 8G D6 白金版OC产品如图6-46所示，属于AMD RX5000系列，采用7nm工艺，核心频率1540MHz，游戏频率1700MHz，动态频率可达1750MHz，2304个处理单元。

图 6-46

显存频率14000MHz，采用GDDR6，8G显存，位宽256bit，最大分辨率7680×4320。接口为PCI-E 4.0，对外有1个HDMI、3个DP接口，供电采用6+8PIN。双风扇+3热管设计，建议电源600W。

## 6.3 电源的重要参数及选购

电源本身并不参与到运算中，也不会为电脑带来实质性的性能提升，但是作为电脑的电源供给，是不可或缺的。

## 6.3.1 电源简介

电脑电源是把220V交流电，转换成直流电，并专门为电脑配件，如CPU、主板、硬盘、内存条、显卡以及外部设备等供电的设备，如图6-47所示，是电脑各部件供电的枢纽，是电脑的重要组成部分。目前PC电源大都是开关型电源。

图6-47

## 6.3.2 主要参数及选购技巧

在选择电源时，经常听到功率、日系电容、金牌认证等专业术语。下面对这些术语进行介绍。

（1）功率

① 额定功率　额定功率是电源厂家按照INTEL公司制定的标准标出的功率，可以表示电源在正常温度、电压下工作的长时间输出，单位是瓦特，简称瓦（W）。额定功率越大，电源所能负载的设备也就越多。

② 峰值功率　峰值功率指电源短时间内能达到的最大功率，通常仅能维持几秒至几十秒的时间。一般情况下电源峰值功率可以超过最大输出功率15%左右。峰值功率其实没有什么实际意义，因为电源一般不能在峰值功率下长时间稳定工作。

③ 输出功率　输出功率是指在一定条件下电源长时间稳定输出的功率。电源实际工作时，输出功率并不一定等同于额定功率，按照INTEL公司的标准，输出功率会比额定功率大一些，例如10%左右。需要说明的是，在多种功率的标称方式中，额定功率是按照INTEL公司标准制定的，是电源功率最可靠的标准，选购电源时建议以额定功率作为参考和对比的标准。遗憾的是有些电源厂商标称并不规范，出现虚标数值的现象。

（2）80PLUS认证与功率转换因数

通常讲的金牌、银牌、铜牌，指的就是80PLUS认证，如图6-48所示。通常所说的金牌电源，是指通过了80PLUS金牌认证的高效率电源。通过80PLUS相关认证的电源，都可以在官方网站上查询到。

图6-48

电脑电源的功率大小，一般都会用多少瓦来描述，这个指标反映的就是电源的额定输出功率。不过电脑电源要将交流电转换成直流电输出这个功率，中间是有损耗的，也就是存在转换效率的问题，转换效率越高，电源自身的电能损耗就越低。而80PLUS认证标准，就是用来反映电源转换效率等级的标准，见表6-1通过80PLUS金牌认证的电源，最高转换效率可达到90%，而最低转换效率也超过了80%，可以说是相当省电了。

表 6-1

| 种类 | 20% 负载转换率要求 | 50% 负载转换率要求 | 100% 负载转换率要求 |
|---|---|---|---|
| 白牌 | 80% | 80% | 80% |
| 铜牌 | 82% | 85% | 82% |
| 银牌 | 85% | 88% | 85% |
| 金牌 | 87% | 90% | 87% |

80PLUS认证存在明显的局限性，不能够成为评判电源整体性能的标准，厂商把通过80PLUS认证作为一个优势或者卖点的做法其实更多的是给自己宣传。但并不是说80PLUS认证就没有任何意义，毕竟能通过80PLUS认证的话，电源的设计和用料绝对是合格的，电源质量有一定的保证，只不过通过80PLUS金牌认证的电源可不一定是金牌电源。

（3）全日系固态电容

除了80PLUS认证外，商家的宣传口号还有全日系固态电容。

从字面也很容易理解，就是电源上面的电容使用的都是日本品牌或日本技术的固态电容。

固态电容的好处就在于稳定性好、寿命长、低ESR（串联等效电阻）和高额定纹波电流。至于质量，看使用要求，如果是一般民用，国产的也不错，不比日系的差。全日系本身主要代表的是高成本、高用料，所以用户不用过分推崇。

（4）散热与静音

说到散热，就要说到静音，也就要提到功率转换。根据能量守恒定律，转换中，那10% ～ 20%的功率去哪了？其实，就是变成了热量。所以80PLUS认证还是有作用的，起码间接限制了热量的增加。高转换率，就代表着变成热量的部分少，散热就不多，电源风扇就变得慢一点，静音效果就好一些。反之，电源风扇就必须要高速运行，大量的噪声就随之而来了。

另外，静音电源内部还要使用高耐温值元器件，只有使用较高耐温值的元器件，电源才敢于无视稍高的温度，大胆把风扇转速放低，但这种做法会带来一定的成本增加。

纠正一个存在很久的误区：8cm、

12cm或14cm风扇与静音无关，当电源在散热方面永远有需求的时候，噪声会始终存在。

（5）全模组电源

非模组电源是指所有的线缆都已经事先安装在了电源上，无法移除；而半模组电源的一部分用不着的线缆可以被移除并存放起来；至于全模组电源，每一组线缆都可以按照用户的要求移除，如图6-49所示。

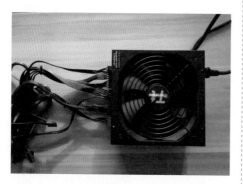

图6-49

全模组电源的好处就在于可以根据用户需要进行取舍，使机箱更整洁。而且更换全模组电源不需要拔设备端的接口，只要拔电源上线缆的接口，十分方便。而且线缆可以使用网上的定制线，可以突出个性。

无论什么模组，用户在选择时，一定要根据主板、显卡、SATA设备的接口来统计下需要哪些接口，各有多少个，然后再根据数据，选择含有满足这些条件的电源。

扫一扫 看视频

（6）计算功率

其实这一点非常重要。因为电源要保证整个电脑系统的正常工作，必须满足所有设备额定功率之和，并留有一定富余量。

除了用户自己查询各内部组件的功率，然后相加以外，网上的第三方软件也会给出功率计算器，用户可以选择具体型号，然后用软件计算出大概的功率，作为参考使用，如图6-50所示。有兴趣的读者可以去航嘉官网查找功率计算器功能板块来计算。

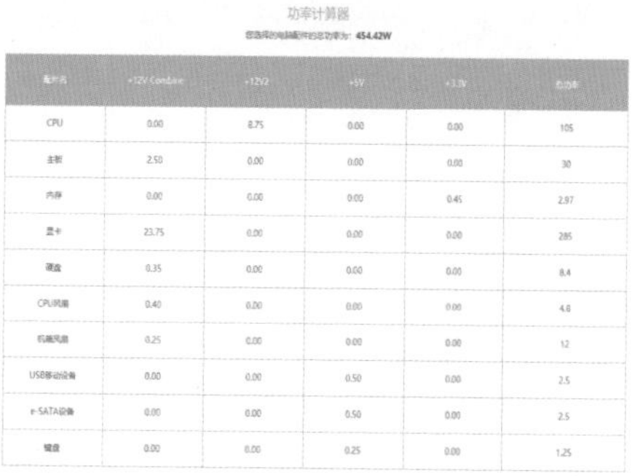

功率计算器

454.42W

| 配件名 | +12V Combine | +12V2 | +5V | +3.3V | 总功率 |
|---|---|---|---|---|---|
| CPU | 0.00 | 8.75 | 0.00 | 0.00 | 105 |
| 主板 | 2.50 | 0.00 | 0.00 | 0.00 | 30 |
| 内存 | 0.00 | 0.00 | 0.00 | 0.45 | 2.97 |
| 显卡 | 23.75 | 0.00 | 0.00 | 0.00 | 285 |
| 硬盘 | 0.35 | 0.00 | 0.00 | 0.00 | 8.4 |
| CPU风扇 | 0.40 | 0.00 | 0.00 | 0.00 | 4.8 |
| 机箱风扇 | 0.25 | 0.00 | 0.00 | 0.00 | 12 |
| USB移动设备 | 0.00 | 0.00 | 0.50 | 0.00 | 2.5 |
| e-SATA设备 | 0.00 | 0.00 | 0.50 | 0.00 | 2.5 |
| 键盘 | 0.00 | 0.00 | 0.25 | 0.00 | 1.25 |

图6-50

## 6.3.3 热销电源参考

接下来，就推荐几款比较热销的电源，便于用户进行参考。

（1）鑫谷GP600G黑金版

鑫谷GP600G黑金版产品如图6-51所示，属于台式机电源，ATX 12V 2.31版本，非模组电源。额定功率500W，风扇为12cm液压轴承静音风扇。

提供了主板20+4PIN接口，CPU 4+4PIN接口，2个6+2PIN的显卡接口，4个SATA硬盘接口，1个小4PIN接口以及3个大4PIN接口。

图6-51

100～240V，6～12A，47～63Hz。其中，3.3V对应输出电流24A，5V为15A，–5V为2.5A，12V为38A，–12V为0.3A。

具有主动式PFC，过压保护OVP，低电压保护UVP，过电流保护OCP，过功率保护OPP，过温保护OTP，短路保护SCP。金牌认证，转换效率91%，平均无故障时间为120000小时。

（2）航嘉WD600K

航嘉WD600K产品如图6-52所示，非模组电源，额定功率600W。

提供了主板20+4PIN接口，CPU4+4PIN接口，2个6+2PIN的显卡接口，4个SATA硬盘接口。

图6-52

## 6.4 机箱的重要参数及选购

有人说机箱其实不重要，但是，这么多计算机硬件，要有个好风道，要隔绝电磁辐射，要所有零件稳固无振动地运行，甚至要彰显个性，都需要一个好机箱的支持。本节就介绍下机箱的相关知识。

### 6.4.1 机箱简介

机箱一般包括外壳、支架、面板上的各种开关、指示灯等，如图6-53所示。

机箱作为电脑配件中的一部分，用于放置和固定各电脑配件，起到一个承托和保护作用。坚实的外壳保护着

图6-53

板卡、电源及存储设备，能防压、防冲击、防尘，并且它还能发挥防电磁干扰、辐射的功能，起屏蔽电磁辐射的作用。

虽然机箱不是直接关系到性能的部件，但是使用质量不良的机箱容易让主板和机箱短路，使电脑系统变得很不稳定。

### 6.4.2 机箱的参数与选购

机箱属于非易耗品，选择的时候更应该再三斟酌，买一个合适而且满意的机箱是很有必要的。接下来介绍机箱的一些相关参数。

（1）材质

机箱的材质可以说是与机箱的品质直接挂钩的。机箱的主要材质有钢板、阳极铝、玻璃、亚克力板（如图6-54所示）。

图6-54

一款品质优良的机箱，应该使用耐按压镀锌钢板制造，并且钢板的厚度应在1mm以上，更好的机箱甚至使用1.3mm以上的钢板制造，钢板的品质是衡量一款机箱优劣的重要指标，直接决定着机箱质量的好坏。产品材质不好的劣质机箱因为其稳固性较差，使用时会产生摇晃等问题，这会损坏硬盘等主机配件，影响其使用寿命；而且电磁屏蔽性能也差，这对用户的健康有害。钢化玻璃侧板虽然美观，但很容易发生爆裂，不推荐使用。亚克力机箱防辐射较弱，易磨损，螺丝孔安装不当会裂开。

当然，现在比较流行的就是好看的就是亚克力材质。因为比较透，比较适合RGB色彩的透出。

（2）机箱大小

这要根据用途决定，一般可以选择ATX机箱，如图6-55所示；采用了迷你主板，没有大显卡的，可以使用MATX机箱，如图6-56所示。如果是有特殊需求的用户，可以选择更小的HTPC级别的ITX机箱，如图6-57所示。

图6-55

图 6-56

图 6-57

（3）布局合理

考虑到以后将有可能添置其他扩展设备，因此在机箱驱动器托架上至少应该有3个以上的3.5英寸和2.5英寸设备的安装位置，增加机箱的扩展性。优质机箱的扩充槽较多，可保证硬盘、光驱散热空间充裕。而劣质机箱里面的空间狭窄，不仅扩展能力差，而且对于散热也很不利。

另外用户需要注意其他设备，如CPU风冷散热以及显卡的长度和高度，还有水冷的规格，以确定能放入机箱中。

不少用户对背板空间应该留多大并没有什么概念，因此就会导致，当机箱买回家后，发现背板空间不足，扣不上侧板的问题出现。通常情况下，背线应预留出1.5cm以上的空间才合理。

随着电脑的飞速发展，其发热量也随之上升，因此机箱的散热设计也变得越来越重要。只有良好的散热设计，才能将电脑产生的热量及时排走，否则将会引起死机，导致电脑的寿命变短。优质机箱的散热设计良好，通风流畅、而且箱体宽大，前面板有足够多的通风孔，前后均留有机箱风扇安装位置。而劣质机箱的散热设计很差，机箱里面空间狭小，没有通风孔，甚至连机箱风扇的位置也没有预留，这样导致热量不能得到排除，会引起一系列问题。良好的机箱风道如图6-58所示。

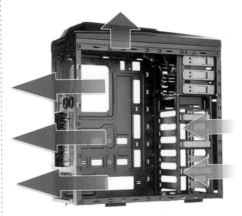

图 6-58

### 6.4.3 机箱推荐

接下来向读者推荐几款常见的品牌机箱产品。

（1）爱国者YOGO M2

爱国者YOGO M2产品如图6-59所示，立式机箱，玻璃侧透，轧碳钢薄板，0.6mm。属于MATX，下置电源，ATX电源，2个3.5英寸仓位，3个2.5英寸仓位，4个扩展插槽，面板包括USB2.0×2、USB3.0×1。

图6-59

前置：2×120mm风扇位；后置：1×120mm风扇位；顶置：2×120mm/140mm风扇位。支持顶置240mm水冷，后置120mm水冷。支持背部理线。

（2）航嘉MVP Apollo

航嘉MVP Apollo产品如图6-60所示。中塔立式机箱，玻璃侧透，0.7mm钢板，ATX机箱，支持显卡长度390mm，CPU散热高度140mm。

内部支持2个3.5英寸仓位，4个2.5英寸仓位。扩展插槽8个。面板上有USB2.0×2、USB3.0×2，以及耳机、麦克风接口。

图6-60

前置：3×120mm风扇位；顶置：3×120mm风扇位；底部：3×120mm风扇位；主板区后置：2×80mm风扇位；主板区后置：2×80mm风扇位。顶置：360冷排（长度在395mm以内）；主板前侧置：360冷排（长度在395mm以内）。支持背部理线、左右分区以及主板前置水冷。

---

## 知识超链接　　　HBM显存浅析

显示芯片这些年来一直都在频繁地更新换代，然而显存却并不是这样。但是显存的新纪元早已开始了，这就是HBM（高带宽内存）。

（1）HBM简介

HBM（High Bandwidth Memory）

是一款新型的CPU/GPU内存芯片,其实就是将很多个DDR芯片堆叠在一起后和GPU封装在一起,实现大容量、高位宽的DDR组合阵列。第一代HBM每个Die容量可达2GB,带宽128GB/s,总线位宽高达1024bit。要知道GDDR5位宽仅有28GB/s,总线位宽仅有32bit,效率是GDDR5的3倍,PCB面积比GDDR5少94%。第二代HBM更加恐怖,每个堆栈的带宽翻番为256GB/s,每个Die的容量达到8Gb,而每个堆栈能容纳最多8个Die,一颗GPU核心搭配4个HBM2堆栈,那么显存容量将最高可达32GB,带宽则可达1TB/s。

### （2）显卡布局的局限性

GDDR5/GDDR6和它的前身一样,都需要将DRAM(显存)芯片直接附在PCB板上,围绕在显示芯片四周,如果需要更多的显存和更快速度,就需要放置更多的显存芯片,如图6-61所示。这样一来,再加上电路板上连接它们的数据和供电线路,不仅占用了很多的板上空间,也增加了制造难度。最终导致成本过高,显卡价格一路飙升。

图6-61

### （3）HBM的优势

HBM从两方面完美地解决了这个问题。VRAM现在直接与显示芯片封装相连,这意味着HBM不会占用除了GPU封装大小之外额外的空间。

HBM使用能够堆叠的3D RAM晶片,而通信使用相互连接的微型"通过硅片通道"(缩写TSV),叫这个名字是因为TSV实际上同时穿过了全部的堆叠层。因此这些芯片能够有更宽的位宽,加上堆叠效果,如图6-62所示,能够让这么小的堆达到惊人的256GB/s的速度。这意味着有着4堆HBM的显卡,能够达到每秒整整1TB的吞吐量。

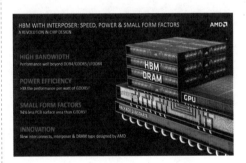

图6-62

AMD在上一代的高端消费级显卡就利用这项技术,如RX系列的RX Vaga64。N卡,像消费级显卡TITAN V,也使用12GB的HBM2显存。一些专业卡,如英伟达,基本都是使用HBM显存。未来的HBM3显存每一个通道可以提供512GB/s的显存带宽,4个通道也就意味着可以提供2048GB/s的显存带宽。

第7章

常见外部
部件的选配

**学习目的与要求**

前面学习了电脑的基本内部设备，如果用户需要，还可以添加光驱、各种功能扩展卡等设备。本章将介绍电脑外部设备，就是除了主机之外最常配备的设备，如显示器、鼠标和键盘。这些设备在选购时需要注意哪些事项，有哪些参数需要了解，在本章中将找到答案。

在学习本章前，用户可以查看自己外设的参数以及说明，再结合本章知识，了解常用外设，自己动手安装外设。

**知识实操要点**

◎ 显示器的连接及选购
◎ 鼠标的分类及选购
◎ 键盘的参数及选购
◎ 音箱、耳麦的测试与选购

# 7.1 液晶显示器主要参数与选购

显示器是接收显卡信号进行显示，将画面呈现在用户前的设备。从广义上讲，液晶电视、投影仪、LED等其实都算是显示器。本章将重点向读者介绍最常见的电脑使用的液晶显示器的相关知识，希望读者在学习后能挑选到满意的显示器。

## 7.1.1 液晶显示器简介

显示器（display）如图7-1所示，通常也被称为监视器，属于电脑的输出设备。

图7-1

根据制造材料的不同，可分为阴极射线管显示器（CRT），如图7-2所示；等离子显示器PDP，如图7-3所示；液晶LCD与LED显示器等。其中CRT显示器已经基本被淘汰了。现在主流的就是液晶LCD显示器、液晶LED显示器。

图7-3

## 7.1.2 液晶显示器的组成

从外部来说，液晶显示器由外壳、液晶显示屏、功能按钮以及支架组成。

从内部来看，显示器由驱动板（主控板）、电源电路板、高压电源板（有些与电源电路板设计在一起）、接口以及液晶面板组成，如图7-4所示。

图7-2

图 7-4

图 7-5

下面大致介绍下各部分的功能。

（1）驱动板

接收、处理从外部送进来的模拟信号或数字信号，并通过屏线送出驱动信号，控制液晶板工作。驱动板上主要包括微处理器、图像处理器、时序控制芯片、晶振、各种接口以及电压转换电路等，是液晶显示器的检测控制中心，相当于CPU。

（2）电源板

将90～240V交流电转变为12V、5V、3V等直流电，为驱动板及液晶面板提供工作电压。

（3）高压板

将电源板的12V直流电压转变为背光灯管启动电压时，提供1500V左右高频电压，激发内部气体，然后提供600～800V、9mA左右的电流供其一直发光工作。

（4）液晶面板

液晶面板是液晶显示器核心组件，主要由玻璃基板、液晶材料、导光板、驱动电路、背光灯管组成。背光灯管产生用于显示颜色的白色光源。液晶分子排列如图7-5所示。

交流电接入电源电路板后，电源电路板输出驱动板及高压电路板工作所需电压，驱动板输入驱动信号到液晶屏，驱动液晶屏显示图像。同时电源电路板为高压电路提供电压，经过电压转换后，为背光灯管提供供电，背光灯管开始发光，为液晶屏提供光源，液晶屏的图像开始显示。

### 7.1.3 液晶显示器主要参数

下面介绍下液晶显示器的主要参数和一些在选购时需要注意的事项。

（1）4K显示器

4K显示器是指具备4K分辨率的显示器设备。4K的名称来源于其横向解析度约为4000像素，分辨率有3840×2160和4096×2160 2种超高分辨率规格。

（2）分辨率与点距

① 分辨率 分辨率通常用水平像素点与垂直像素点的乘积来表示，像素数越多，其分辨率就越高。因此，分辨率通常是以像素数来计量的，如640×480的分辨率，其像素数为

307200。

② 点距 点距是指屏幕上相邻两个同色像素单元之间的距离，即两个红色（或绿、蓝）像素单元之间的距离。点距影响着画面的精细程度。一般来说，点距越小，画面越精细，但字符也越细小；反之，点距越大，字体也越大，轮廓分明，越容易看清，但画面会显得粗糙。有些读者使用笔记本连接电视，会发现文字清晰度不如电脑显示器显示清楚，就是因为虽然分辨率达到了，但是电视的点距肯定大于电脑显示器，所以显示得不细腻。如果要把电视做成和电脑显示器那么精细，那成本要特别高了，而且也根本没有必要。一般显示器分辨率标准可以参见表7-1。

表 7-1

| 标准 | 分辨率 | 比值 |
|------|--------|------|
| SVGA | 800×600 | 4：3 |
| XGA | 1024×768 | 4：3 |
| HD | 1366×768 | 16：9 |
| WXGA | 1280×800 | 16：10 |
| UXGA | 1600×1200 | 4：3 |
| WUXGA | 1920×1200 | 16：10 |
| FULL HD | 1920×1080 | 19：9 |
| WQHD | 2560×1440 | 16：9 |
| UHD | 3840×2160 | 16：9 |
| 4K ULTRA HD | 4096×2160 | 17：9 |

（3）显示器接口

说到显示器接口，前面显卡那一

章说了，现在的显卡已经基本淘汰了VGA接口，DVI接口也在消失中。如图7-6所示，右侧为VGA接口，左侧为DVI接口。

图 7-6

显示器也类似，新的产品已经没有VGA接口了，主流就是HDMI及DP接口，如图7-7所示。根据显示器的功能不同，其他的接口可能有音频接口、耳机接口、USB接口，有些有Mini DP接口。

图 7-7

① DVI接口 一般分为DVI-D及DVI-I接口，传输的是数字信号。外观如图7-8所示，其中，DVI-I可同时兼容模拟和数字信号。兼容模拟信号并不意味着模拟信号的接口D-Sub接口可以连接在DVI-I接口上，而是必须通过一个转换接头才能使用。

图 7-8

② HDMI接口　英文全称是"High Definition Multimedia"，中文的意思是高清晰度多媒体接口。HDMI接口可以提供高达5Gbps的数据传输带宽，可以传送无压缩的音频信号及高分辨率视频信号。同时无须在信号传送前进行数/模或者模/数转换，可以保证最高质量的影音信号传送。应用HDMI的好处是：只需要一条HDMI线，便可以同时传送影音信号。

③ DP接口　DP接口即DisplayPort接口，DisplayPort是由视频电子标准协会（VESA）发布的显示接口。作为DVI的继任者，DisplayPort在传输视频信号的同时加入对高清音频信号传输的支持，同时支持更高的分辨率和刷新率。它能够支持单通道、单向、四线路连接，数据传输率达10.8Gbps，足以传送未经压缩的视频和相关音频，同时还支持1Mbps的双向辅助通道，供设备控制之用。此外还支持8位和10位颜色。在数据传输上，DisplayPort使用了micro-packetised格式。

④ USB接口　为了拓展USB接口范围，或者方便用户走线，有些显示器上带有USB接口，但在使用前，用户需要使用线缆连接USB接口旁的USB上行接口到电脑上，如图7-9所示，最左侧的就是USB上行接口。

⑤ Mini DP接口　Mini DP是新Mac上的新视频连接标准。它是DP接口的小型化版本。Mini DP线以数字形式将图像发送到显示器，同时保

图7-9

持图像的完全保真度，以便在平板电脑屏幕和高清电视上观看。Mini DP取代了旧款Mac上使用的DVI、mini-DVI和micro-DVI连接器。需要使用Mini DP电缆将Mac的Mini DP连接到外接显示器。它能够驱动分辨率高达2560×1600。三种接口的外观如图7-10所示。

图7-10

 术语解释

**雷电接口**

雷电接口（Thunderbolt）是英特尔与苹果合作开发的硬件接口标准（技术），主要用于拓展外围设备。最初的名字是Light Peak。雷电1和雷电2使用的接口是Mini DisplayPort口（简称Mini DP口），

多见于苹果笔记本电脑上。所以说，1、2代雷电口和Mini DP一样，区别就是雷电口带有闪电标志，如图7-11所示。

图7-11

而雷电接口发展到了3代时，开始使用USB Type-C接口形态。Type-C又分USB Type-C和雷电3 Type-C。Type-C只是接口的一种规格，而雷电3是一种连接标准。目前的雷电3接口统一都是Type-C标准，但并不是所有的Type-C接口都支持雷电3标准。所以仍然要看标志，如图7-12所示。

图7-12

雷电3接口有什么优势呢？

接口使用方便，双向充电；功率和带宽都非常高；兼容了市面上多种规格的传输协议；发挥上SSD的极限性能；多路高清扩展；外接显卡，提升笔记本图形性能。

⑥ 其他接口　其他的如音频话筒接口，还有miniHDMI接口等。

（4）面板种类

在显示器的介绍中，会出现各种面板类型，如IPS、VA等。

① TN面板　TN面板全称为Twisted Nematic（扭曲向列型）面板，由于价格低廉，主要用于入门级和中端的液晶显示器，TN面板的特点是液晶分子偏转速度快，因此在响应时间上容易提高。不过它在色彩的表现上不如IPS型和VA型面板。由于可视角度的不足，目前这样类型的面板显示器正在逐渐退出主流市场。

② VA面板　VA类面板可分为由富士通主导的MVA面板和由三星开发的PVA面板，其中后者是前者的继承和改良，也是目前市场上最多采用的类型。VA面板同样是现在高端液晶应用较多的面板类型，属于广视角面板。和TN面板相比，8bit的面板可以提供16.7M色彩和大可视角度，是该类面板定位高端的资本，但是价格相对TN面板也要高一些。

VA面板的特点在于正面（正视）对比度最高，但是屏幕的均匀度不够好，往往会发生颜色漂移。锐利的文本是它的杀手锏，黑白对比度相当高。

VA类面板也属于软屏，只要用手指轻触面板，显现梅花纹的是VA面板，出现水波纹的则是TN面板。

③ IPS面板　IPS面板最大的特点就是它的两极都在同一个面上，而不像其他液晶模式的电极是在上下两面，立体排列。由于电极在同一平面上，不管在何种状态下液晶分子始终都与屏幕平行，会使开口率降低，减少透光率，所以IPS应用在LCD TV上会需要更多的背光灯。

IPS面板的优势为可视角度大、响应速度快（相比于VA面板显示器）、色彩还原准确。和其他类型的面板相比，IPS面板的屏幕较为"硬"，用手轻轻划一下不容易出现水纹样变形，因此又有硬屏之称。

（5）亮度

亮度是指画面的明亮程度，单位是cd/m$^2$或nits。目前提高亮度的方法有两种：一种是提高面板的光通过率；另一种就是增加背景灯光的亮度，即增加灯管数量。

较亮的产品不见得就是较好的产品，显示器画面过亮常常会令人感觉不适，一方面容易引起视觉疲劳，同时也使纯黑与纯白的对比降低，影响色阶和灰阶的表现。亮度的均匀性也非常重要。亮度均匀与否，和背光源与反光镜的数量与配置方式息息相关，品质较佳的显示器，画面亮度均匀，无明显的暗区。

（6）对比度

对比度是最大亮度值（全白）与最小亮度值（全黑）的比值。随着近些年技术的不断发展，华硕、三星、LG等一线品牌显示器的对比度普遍都在800：1以上，主流一般达到1000：1，甚至更高。不过由于对比度很难通过仪器准确测量，挑的时候还是要用户亲自去看。

（7）响应时间

响应时间指的是液晶显示器对于输入信号的反应速度，也就是液晶由暗转亮或由亮转暗的反应时间，通常是以毫秒（ms）为单位。此值当然是越小越好。如果响应时间太长了，就有可能使液晶显示器在显示动态图像时会有尾影拖曳的感觉。一般液晶显示器的响应时间在2～5ms之间。

（8）可视角度

液晶显示器的可视角度左右对称，而上下则不一定对称。当背光源的入射光通过偏光板、液晶及取向膜后，输出光便具备了特定的方向特性，大多数从屏幕射出的光具备了垂直方向。假如从一个非常斜的角度观看一个全白的画面，用户可能会看到黑色或是色彩失真。

但是由于人的视力范围不同，如果没有站在最佳的可视角度内，所看到的颜色和亮度将会有误差。市场上，大部分液晶显示器的可视角度都在170°左右。而随着科技的发展，有些厂商就开发出各种广视角技术，试图改善液晶显示器的视角特性。

（9）曲面显示器

如图7-13所示，曲面显示器是指

面板带有弧度的显示器设备，在增加了显示器美观度的同时，提升了用户视觉体验上的宽阔感。

图 7-13

在视觉上，曲面显示器要比普通显示器有更好的体验，避免两端视距过大，曲面屏幕的弧度可以保证眼睛的距离均等，从而带来更好的感官体验。

（10）坏点

屏幕上出现"亮点""暗点""坏点"，统称为点缺陷。对于不同产品及不同经销商，允许的点缺陷数量也是不同的。在选购时，需要了解清楚，并用软件进行测试。

## 7.2 鼠标的主要参数与选购

除了显示器，必不可少的设备就是鼠标和键盘了，它们是电脑主要的输入设备，也是用户最常接触到的电脑设备。

### 7.2.1 鼠标简介

鼠标，用户肯定不陌生，如图7-14所示，就是经常使用的鼠标。

图 7-14

因为其外观像一只老鼠而得名。通过鼠标，控制屏幕上的指针，可以非常方便地对电脑和文件进行各种操作。

以前最早大范围使用的是滚轮鼠标，通过滚轮及鼠标内的2个轴来控制光标移动。不过，滚轮鼠标早已经被淘汰了，现在主要使用的是光电鼠标、激光鼠标。

光电鼠标的原理：光电鼠标内部有一个发光二极管，它发出的光线，可以照亮光电鼠标底部表面。

光电鼠标经底部表面反射回的一部分光线，通过一组光学透镜后，传输到一个光感应器件（微成像器）内成像。成像示意图如图7-15所示。

图 7-15

当光电鼠标移动时，其移动轨迹便会被记录为一组高速拍摄的连贯图像，被光电鼠标内部的一块专用图像分析芯片（DSP，数字微处理器）分析处理。该芯片通过对这些图像上特征点位置的变化进行分析，来判断鼠标的移动方向和移动距离，完成光标的定位。

### 7.2.2 鼠标的分类

按照不同标准，鼠标可以分成很多种类，下面简单介绍下。

（1）按成像原理进行分类

现在的鼠标基本都是光学成像，按照不同光、不同的原理有不同的分类。

① 光电鼠标

● 定位原理：红光侧面照射，棱镜正面捕捉图像变化。

● 优缺点：成本低，足以应付日常用途，对反射表面要求较高，所以购买使用还是要配个合适的鼠标垫（偏深色、非单色、勿镜面较为理想），

缺点是分辨率相对较低。

● 分辨率典型值：1000dpi，正常范围800 ～ 2500dpi。

② 激光鼠标

● 定位原理：激光侧面照射，棱镜侧面接收。

● 特点：成本高，虽然激光鼠标分辨率相当高，对反射表面要求低，也就是对激光鼠标垫的要求很低。激光鼠标具有很高的分辨率，实际上价格并非贵得离谱，主要的成本是花费在无线收发器和模具上。

● 分辨率典型值：5000dpi，也有小于2000 dpi分辨率的低端产品。激光鼠标成像示意如图7-16所示。

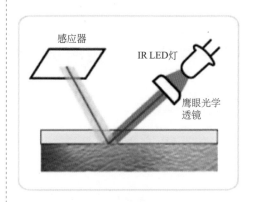

图 7-16

③ 蓝光鼠标

● 定位原理：蓝光侧面照射，棱镜正面捕捉图像变化。

● 优缺点：成本低，日常用途，蓝光鼠标看起来比较醒目，蓝光鼠标对反射表面的适应性比传统的红色似乎要好一些，但并不明显。缺点是分

辨率较低。

● 分辨率典型值：1000dpi，正常范围800 ～ 2500dpi。

蓝光机理跟普通光电（红光）机理类似。

④ 蓝影鼠标

● 定位原理：蓝光侧面照射，棱镜侧面接收。

● 特点：成本略低，对反射表面要求低，当然如果要很好的效果，还是应该保证最佳的反射面。

● 分辨率典型值：4000dpi，也有小于2000 dpi分辨率的低端产品。

知识点拨

**为什么有的鼠标不亮**

大部分的光电鼠标底部都是亮灯的，但有的鼠标并不亮。那不亮的是不是就不是激光鼠标呢？

答案是不一定。因为有些鼠标采用了"不可见光"作为光源。目前越来越多的鼠标厂商均采用了这种技术，包括无线电波、微波、红外光、紫外光、X射线、γ射线、远红外线都属于不可见光。

采用了该技术的鼠标产品可以拥有更加出色的节能表现，这也是厂商们使用此技术的主要原因；另外，在性能方面，不可见光技术依然保持着不俗的竞争力，完全可以满足一般用户的需求。

（2）按照传输介质分类

鼠标必须连接电脑才能使用，按照传输介质也可以进行分类。

① 有线鼠标　就是使用线缆与主板进行连接的鼠标，也是最为常见的鼠标，如图7-17所示。有线鼠标按照接口，又分为PS2口（如图7-18所示）和常见的USB接口鼠标。

图 7-17

图 7-18

现在大多数都是USB鼠标了，因为可以支持更多的设备。如果是电脑用，又想节约一些USB接口，可以使用PS2转USB口设备进行转接。需要注意的是PS2的设备不支持热插拔，需要重启电脑使用。PS2转接头如图7-19所示。

图 7-19

② 无线鼠标　无线鼠标指使用无线技术传输鼠标的数据，摆脱了有线鼠标的束缚，同时也提高了便携性。

比如常听到的2.4G、5.0G鼠标，就是使用了无线网络技术，类似于无线路由器，如图7-20所示。其接收信号的距离为7～15m，信号比较稳定。作为目前最主流、最受欢迎的无线解决方案，应用了2.4G无线技术的鼠标可以说是不胜枚举。

图 7-20

此外还有蓝牙鼠标，其发射频率和2.4G鼠标一样，接收信号的距离也一样，可以说蓝牙鼠标是2.4G鼠标的一个特例。但是蓝牙有一个最大的特点就是通用性，全世界所有的蓝牙不分牌子和频率都是通用的。实际上，蓝牙的抗干扰能力和传输速率都好，

而且具备和其他蓝牙产品互联的能力，一般USB蓝牙hub可以同时和7个设备通信，在扩展性上远优于2.4GHz蓝牙鼠标，如图7-21所示。

图 7-21

无线设备都需要一个接驳在USB上的接收端才可以正常使用。

其他的分类方法还有很多，比如按照鼠标滚轮，还分为普通滚轮、棘齿滚轮、急速滚轮。按照按键，还有普通鼠标和专门为游戏设计的可编程鼠标，如图7-22所示。

图 7-22

### 7.2.3　鼠标的主要参数

鼠标究竟有哪些参数在选购时需要注意呢？

（1）鼠标分辨率

DPI，英文全称是"dots per inch"，直译为"每英寸像素"，意思是每英寸的像素数（1英寸≈2.54厘米），是指鼠标内的解码装置所能辨认每英寸长度内的像素数（屏幕上最小单位是像素）。每一英寸采集的像素点越高，鼠标定位越精准。DPI是鼠标移动的静态指标。

（2）鼠标采样率

CPI的全称是"count per inch"，直译为"每英寸的测量次数"，这是由鼠标核心芯片生产厂商安捷伦定义的标准，可以用来表示光电鼠标在物理表面上每移动1英寸（约2.54厘米）时其传感器所能接收到的坐标数量。每秒移动采集的像素点越多，就代表鼠标的移动速度越快。比如桌面移动1cm，低CPI的鼠标可能在屏幕上移动了5cm，但高CPI则移动了10cm。CPI是鼠标移动的动态指标。CPI高的鼠标更适合在高分辨率的屏幕下使用。

现在的一些鼠标，可以通过滚轮下方的DPI调节按钮来切换3种DPI模式，以方便不同的使用场景，如图7-23所示。

图7-23

**DPI和CPI的关系**

有些鼠标上的CPI调节按钮可能写的是DPI。

简单来说，都可以用来表示鼠标的分辨率，但是DPI反映的是个静态指标，用在打印机或扫描仪上显得更为合适。由于鼠标移动是个动态的过程，用CPI来表示鼠标的分辨率更为恰当。两者的区别主要在于一个是针对静态的单位，一个是针对动态的单位，不过鼠标每移动1英寸，在屏幕上反映的像素点都是相同的。

所以在购买鼠标时，无论包装上写的DPI还是CPI，其实都可以理解为鼠标在鼠标垫上每移动1英寸，屏幕上移动了相同的像素点位。

（3）鼠标配重

专业鼠标，讲究的是手感，当然，重量也是手感的一个方面。所以有些鼠标可以内置配重块，用户根据手感添加，如图7-24所示，从而达到舒适的程度。

图7-24

（4）模块化鼠标

模块化鼠标可以通过调节模块，达到适应不同用户手掌大小的目的，如图7-25所示，用户可以根据需求，选择模块化鼠标。

图 7-25

（5）双模式鼠标

有线鼠标、无线鼠标虽然是主流，但是使用习惯后，特别是专业人员，在不同场景更换到其他鼠标，总感觉不舒服。这部分用户可以选择双模式鼠标，以支持无线、有线的任意切换，满足不同场景的需求。双模式鼠标，如图7-26所示。另外，在接入有线的情况下，也可以为无线鼠标进行充电，十分方便。

图 7-26

（6）多功能鼠标

这是为特殊用户提供的多按键、可编程的鼠标，用于需要使用各种快捷键的场景，如游戏等，可以达到一键启动某功能的目标。鼠标如图7-27所示。

图 7-27

（7）鼠标大小

鼠标按照长度可以分为：大鼠标，大于或等于120mm；普通鼠标，100～120mm；小鼠标，小于或等于100mm。用户需要根据手掌大小和习惯选择。

（8）鼠标微动开关

微动开关就是鼠标按键按下去又弹起来的那个小零件，如图7-28所示。

图 7-28

这属于易损件，鼠标用了一段时间，发生单击变双击、无故失灵等情况，就是微动开关坏了。动手能力强的用户可以上网购买微动开关进行焊接更换。

# 7.3 键盘的主要参数与选购

除了鼠标外，用户进行文字录入、玩游戏或者向电脑发出各种指令都需要用到键盘。本节将向读者介绍键盘的相关参数和选购的知识。

## 7.3.1 键盘简介

键盘如图7-29所示。用户使用键盘输入各种字符、文字、数据。键盘还提供控制电脑的功能，是电脑最基本也是最重要的输入设备。键盘的外观包括外壳、支脚、按键、托盘与信号线等。键盘的功能是及时发现被按下的按键，并将该按键的信息送入电脑中。键盘中有专门用于检测按键信息的扫描电路、产生被按下按键代码的编码电路和将产生代码送入电脑的接口电路，这些电路统称为键盘控制电路。

图 7-29

## 7.3.2 键盘的主要参数

键盘有哪些种类？又有哪些需要注意的参数信息呢？

（1）薄膜键盘

如图7-30所示，上面为键帽，下面是弹力机构，再下面是橡胶薄膜。在橡胶薄膜以下，是三层重叠在一起的塑料薄膜，上下两层覆盖着薄膜导线，在每个按键的位置上有两个触点，而中间一张塑料薄膜则是不含任何导线的，将上下两层导电薄膜分割绝缘开来，而在按键触点的位置上则开有圆孔。在正常情况下，上下两层导电薄膜被中间层分隔开来，不会导通。但在上层薄膜受压以后，就会在开孔的部位与下层薄膜连通，从而产生一个按键信号。薄膜键盘实现了无机械磨损。其特点是低价格、低噪声和低成本，但是长期使用后由于材质问题手感会发生变化。薄膜键盘无疑是目前世界上使用最广的键盘品种，哪怕如今机械键盘非常流行，也依然无法撼

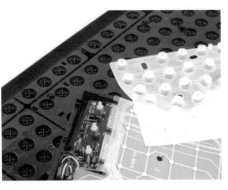

图 7-30

143

动其市场霸主的地位。薄膜键盘的按键按照结构又分为如下几种。

① 火山口结构　火山口结构是目前最为普遍的薄膜键盘结构，如图7-31所示。"火山口"，顾名思义，就是键盘面板和橡胶膜形成类似火山口的样子。火山口结构的键帽和导向柱一体成型，键帽可以直接和橡胶膜接触。它模具简单、造价低廉，对于用户来说，这种结构的键盘还具有一定的防水性能且易于打理。它的弱点也很明显，就是手感不固定、高键帽、易疲劳、易磨损、易老化。

图7-31

② 剪刀脚（X）结构　剪刀脚结构又叫"X结构"，如图7-32所示，它的特点就是将键帽和导向柱进行分离，在键帽和橡胶膜中间采用了两组连接杆结构的支撑架，纵看像剪刀一样，横看像"X"形，"剪刀脚"和"X结构"因此而得名。这种结构的优点就是可以感受到从键帽的四个角和中间传递过来的力量，这就在一定程度上解决了火山口结构手感不均匀的情况，而且2.5～3mm的键程也使这种结构

打字不累，还有高达40倍的耐久度优势，但制造成本高、售价昂贵、难清理、易报废。

图7-32

③ 宫柱结构　宫柱结构的出现其实是为了解决火山口结构键帽容易磨损的问题，所以它将键帽和导向柱分离，导向柱采用了全新的高硬度材料制成，呈柱状，如图7-33所示，"宫柱"也因此而得名。它通过加大导向柱的横截面，进而增强手感的稳定性。宫柱结构的优点就是寿命比剪刀脚结构还要高出10倍以上，并且按键声音安静。当然，之后也有采用了POM材质导向柱的新宫柱结构。

图7-33

（2）机械键盘

机械键盘如图7-34所示，每一颗按键都有一个单独的开关来控制闭合，这个开关也被称为"轴"，依照微动开关的分类，机械键盘可分为茶轴、青轴、白轴、黑轴以及红轴。正是由于每一个按键都由一个独立的微动组成，因此按键段落感较强，从而产生适于游戏娱乐的特殊手感，通常作为比较昂贵的高端游戏外设。

图7-34

机械键盘最重要的是轴，机械键盘比普通薄膜键盘寿命长，好的机械键盘寿命有10多年甚至20多年。机械键盘使用时间长之后，按键手感变化很小，而薄膜则无法达到。机械键盘不同的轴的按键手感都不相同，薄膜则触感单一。机械键盘可以做到6键以上无冲突，部分机械键盘可以全键无冲突，而6键以上无冲突的薄膜键盘较少。可以自己更换键帽，方便个性DIY。青轴适合打字，黑轴适合游戏，让工作娱乐两不误。但是机械键盘售价偏高，因为成本较高，市场上大部分都在200～800元，更有上千元的也不足为奇。虽然键盘有很长寿命，但是防水能力差，使用时需要多加小心。

（3）机械轴

作为机械键盘的核心组件，Cherry MX机械轴仅仅是作为机械轴的代表，除此之外，还包括Cherry ML机械轴、Cherry MY机械轴、ALPS机械轴、台湾白轴（非常罕见）等种类。但是由于Cherry MX轴被广泛地认可，所以若不特意提及轴体种类，通常都是指Cherry MX机械轴。

Cherry MX机械轴如图7-35所示，被公认为是最经典的机械键盘开关，特殊的手感和黄金触点使其品质倍增，而MX系列机械轴应用在键盘上的主要有4种，通过轴帽颜色可以辨别，分别是青、茶、黑、红、白（市面已很少见），手感相差很大，可以满足不同用户的各种需求。一般来说，游戏玩家：黑轴＞茶轴＞红轴＞青轴；办公打字：青轴＞红轴＞茶轴＞黑轴。

图7-35

（4）键盘接口及连接

和鼠标类似，也分为USB口和PS2口，也可以通过转接头进行转接。

当然，现在主板上可能没有PS2接口了，选择USB键盘就可以了，如图7-36所示。

图 7-36

（5）键程

"键程"是考察键盘性能的一个指标。顾名思义，"键程"就是按下一个键它所走的路程。也就是下压按键时触发开关的最小距离。如果敲击键盘时感到按键上下起伏比较明显，就说明它的键程较长。键程长短关系到键盘的使用手感，键程较长的键盘会让人感到弹性十足，但比较费劲；键程适中的键盘，则让人感到柔软舒服；键程较短的键盘长时间使用会让人感到疲惫。有些超薄键盘或者笔记本键盘因为设计需要，键程非常短，长时间使用会非常不舒服。

（6）压力克数

主要指在按下按键时所需要的力度。这个主要需要个人的感觉，不同人按键的力度不同，但一个好的触发力度的压力克数能让打字多的使用者用起来非常舒服。

（7）段落感

所谓的段落感，就是手按下去的时候明显能感觉一个阻力比较大的阶段，过了这个感觉之后，到触底的时候又是顺换的手感了。

（8）其他功能

现在键盘随着科技的进步及用户的需求，又多出一些实用的功能。比如背光键盘，如图7-37所示；防水键盘，如图7-38所示；人体工学键盘，如图7-39所示。

用户在选购时，需要根据自己的实际需求，选择具体的功能。

图 7-37

图 7-38

图 7-39

# 7.4 音箱与耳麦

配置电脑还有一个必备的外设那就是音箱，有些也直接称之为音响。电脑将数字信号转换成模拟信号，并通过主板或者声卡的输出口，提供给音箱，音箱经过处理后，直接输出为可以听到的音频。现在音箱已经不再是电脑的标配了，而逐渐被耳麦一类的设备取代。下面就介绍下音箱和耳麦的功能和选购。

## 7.4.1 音箱简介

如图7-40、图7-41所示，是最常见的2.1音箱，由左右声道的2个卫星音箱和1个低音炮或者中低音扬声器组成。背部有电源线，以及音频连接线接口。直接使用音频连接线接到主板或者声卡的音频输出接口即可完成声音输入连接。

这里介绍一个特殊的接口SPDIF接口，一般称为数字音频接口，用来传输音频的数字信号。当然，同模拟信号相比，减少了干扰和失真，音质更好。

SPDIF又分为同轴和光纤两种，其实它们可传输的信号是相同的，只不过载体不同，接口和连线外观也有差异，如图7-42、图7-43所示。

图 7-40

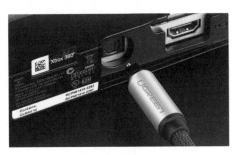

图 7-42

图 7-41

图 7-43

### 7.4.2 音箱的选购

选购音箱主要注意以下几方面。

（1）类型

主要与用途结合，普通场合选择桌面级就可以。专业领域，可以选择带功放的落地式或者7.1的专业级音响套件。

（2）功率

一般来说，功率决定音箱和声音的大小，根据使用环境及应用领域，进行选择。

（3）音色、失真、灵敏度

在实际使用中，或者在试用时，用户需要实际聆听效果进行测试。不同的人、不同的环境都有不一样的体验。

（4）品牌

在经济条件允许的情况下，选择一些比较大牌的设备，其售后和品质都有保证。

**煲机**

对专业级的用户来说，新的音箱一般都需要先煲机再使用。那么煲机到底是什么？为什么要煲机？

音箱和耳机的磨合期被行内人称作"煲机"，英文的叫法是"burn in"，煲机的过程是一种快速使器材老化稳定的手段和方法。

有些元器件，例如晶体管、集成电路、电容等，在全新的时候电气性能不稳定，需要经过一段时间的使用后才能逐渐稳定。

对于音箱而言，对扬声器的煲也是煲机中的一个重点部分；对于耳机来说，煲机实际就是在煲振膜折环，新耳机振膜折环机械顺性差，导致失真比较大，使用一段时间后，顺性逐渐变好，失真也会逐渐降到正常的水平。煲机可以使用专业的音频，并分成几个阶段。有兴趣的读者，可以下载一些煲机的曲目进行煲机。

### 7.4.3 耳麦简介

耳麦使人更容易沉浸在音乐或者游戏的环境中，带来更强的多媒体体验感，也不打扰其他人，而且在FPS游戏中可以凭声定位。耳麦一般自带麦克风，更容易在游戏中交流。在普通用户中，耳麦已经逐渐取代音箱，成为主流。

雷蛇游戏耳麦如图7-44所示，带有RAZER超感技术及THX空间音效，可以根据环境实时动态触觉反馈，通过振动，真实地感受游戏的震撼感。THX能够提供方位感更为立体的逼真音效。虚拟机5.1、7.1环绕声，更适合判断FPS游戏中的声源位置。无线方面，使用2.4GHz无线音频，并做到了长时间的无线续航。

图 7-44

### 7.4.4 耳麦的选购

耳麦的选购和音箱类似，参考预算、使用场景外，对于用户来说，声音本身的好坏仍然是最大的考虑对象。而其他的一些，如灵敏度、功率、阻抗、频响范围等，可以作为参考，用于类似产品的细节比较。

同时，根据使用场景，考虑是有线模式还是无线模式，以及续航时间、是否需要带幻彩灯光。

更重要的就是佩戴的舒适度，也就是耳机的材质，可以试用来检测。

对于麦克风，通过录音和通话，确定是否有杂音，音色是否正常。

另外，一些耳机自带声卡模块，不使用机器声卡输出。在使用时，需要注意在操作系统中进行配置，看是否兼容。

如果需要特殊功能，可以在选购时选择即可，如图 7-45 所示。

图 7-45

### 知识超链接　　　几种机械轴的主要区别

上一节介绍了键盘，用户了解了 Cherry 的四种轴。其实，四种轴体之间最根本的区别在于结构。不同的结构也会对轴体之间产生不同的影响。

其实四种轴的轴体结构基本一致，如图 7-46 所示。

结构上的区别会影响不同轴体，产生不同的声音、压力及手感。四种轴体产生不同声音的原因主要在于开关帽的构造，通过手指按压后与触点

轴体上盖

开关帽

触点金属片

弹簧

轴体底座

图 7-46

金属片摩擦并使其产生形变，从而互相撞击发出声音，红轴与黑轴的类似，为线性轴体，因此声音的根源就是塑料与触点金属片摩擦产生的声音。而青轴与茶轴为段落轴体，茶轴的开关帽在凸起部分与触点金属片接触，并产生轻微"咔嗒"声响。青轴较为特殊，声音像圆珠笔按下过程中的卡簧声，按压过程中，白色部分与触点金属片接触，导致金属片发生形变且白色部分的位置也发生改变，与青色部分分开，然后再利用金属片的压力与之闭合，从而发出清脆的声响。

但由于开关帽构造不同，因此产生的压力又分四个阶段，分别为初始压力、触发压力、段落压力、触底压力、而四种轴体拥有不同按键压力主要取决于弹簧与开关帽。其中，青轴的触发压力最小，其余均相同，黑轴的触发压力最高，然后就是青轴、茶轴、红轴，依次减弱，而段落压力存在于青轴与茶轴之间。

大家最关注的手感区别主要取决于上面所说开关帽与弹簧，共同下压后产生的区别，黑轴在手感上更偏重于给用户一种直上直下、没有停顿的触感反馈，且回弹过程干爽有力。

红轴，可以算作是黑轴的轻量化手感版本，同样的直上直下、没有停顿的触感，在回弹上更加绵软柔和一些，手感类似挤压棉花一般。

茶轴，在手感上更偏重于给用户一种带有轻微"咔嗒"、较弱段落感的触感反馈，且回弹手感与红轴类似，通俗一点讲就是融合了红轴的绵软手感加上弱化了的青轴段落感，兼顾了两者的特色，但又不完全相同，兼顾打字办公人群，属于万能轴，不过有轻微噪声。

青轴，作为拥有段落结构式的代表性轴体之一，也可以说是最具有机械键盘特点的轴体了，在手感上可以给用户带来强烈段落感的触感反馈，回弹过程略有停顿，通俗一点讲就类似圆珠笔按下时的卡簧感。

第 8 章

# 电脑主要
# 部件的组装

## 学习目的与要求

前面的章节中，我们学习了电脑的组成，包括内部部件与外部部件。通过前面几章的学习，用户可以根据实际需要，选购心仪的配件。除了购买整机或者是在实体店购买配件，会帮助用户组装成成品，如果用户购买的都是零件，需要自己动手完成电脑的组装。如果电脑出现问题需要维修，也需要懂得电脑零件的拆解和安装。本章就将向读者介绍电脑的组装过程以及各种注意事项。

在学习本章前，用户需准备好各种拆装工具。在学习完毕后，使用工具将自己的电脑拆卸并按照正确的步骤将电脑再次组装起来。

## 知识实操要点

◎ 电脑安装前的工具及流程准备

◎ 按照顺序，完成电脑内部组装

◎ 完成外设的连接

◎ 查看并检测电脑硬件

8.1 安装前的准备

在安装电脑前，需要做一些必要的准备工作。

## 8.1.1 工具准备

常说"工欲善其事，必先利其器"，首先要准备工具。

（1）十字花螺丝刀

如图8-1所示，是必备工具之一，可以拆装所有的零件，有条件可以再备一把小号的即可。

图8-1

（2）尖嘴钳

如图8-2所示，用于拆卸机箱各仓位的挡板等。

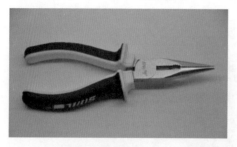

图8-2

## 8.1.2 流程准备

安装电脑必须要了解安装的流程，按照流程去做，可以防止因为大意而忘记了一些关键的东西。

（1）最后确认下搭配问题

在拆设备前，最后确认下搭配问题，在拆了包装后，可能面临如无质量问题不予退货等情况发生。

① CPU与主板芯片组的匹配　确认CPU和主板是否互相支持，针脚是否相同，以免产生触点或针脚数与主板不匹配、Intel的CPU使用了AMD的主板等低级错误。

② 主板与内存条的匹配　确认主板支持的代数和内存的频率，避免代数不匹配或者频率不匹配的问题。

③ 固态硬盘与主板的匹配　这里说的匹配是指M.2接口的固态硬盘。需要查看主板的参数，确定M.2接口的固态硬盘尺寸、总线类型、大小等问题。

④ 显卡与显示器的匹配　确认显卡的输出接口是否可以与显示器的输入相匹配。

⑤ 机箱电源与其他部件的匹配　确认电源的输出接口是否满足所有设备的用电要求，接口是否都有，功率是否够用并有一定富余量。

⑥ 其他需要考虑的问题 散热器是否与CPU以及机箱相匹配，显卡是否可以安装到机箱中，是否可以背板走线等。

（2）电脑安装流程图

准备安装前，需要知道电脑安装的顺序。正常的安装顺序如下。

① 准备好主板

② 安装CPU

③ 安装风扇

④ 安装内存

⑤ 准备机箱

⑥ 安装主板到机箱

⑦ 安装电源

⑧ 连接各种电源线及跳线

⑨ 安装显卡

⑩ 安装硬盘

⑪ 安装机箱盖

⑫ 连接键盘鼠标

⑬ 连接显示器

⑭ 连接其他外设

⑮ 连接其他外部设备

⑯ 连接电源

⑰ 开机测试

（3）零件准备

主要查看电脑部件是否齐全。将所有部件拆开，有序放置在防静电海绵上，如图8-3所示，将安装使用的螺

图8-3

钉、数据线、电源线等分类放置，以防止遗失等情况发生。

操作点拨

**电脑螺钉的分类**

现在很多的电脑部件，如硬盘等，已经使用了固定卡扣的设计，直接放置在托盘里，推入即可固定在机箱中，如图8-4所示。

图8-4

但是主板还是使用了铜柱螺钉打底进行固定，还有老式电脑也是使用螺钉固定部件。螺钉分几种，分别用在哪里呢？

上面提到的铜柱螺钉，就是固定主板使用的，如图8-5所示，先安放在主板上，再放上主板，最后用螺钉固定，以防止短路。

图8-5

固定用的螺钉，分为固定主

板、光驱用的细纹螺钉，如图8-6所示；固定硬盘、挡板用的小粗纹螺钉，如图8-7所示；固定机箱、电源用的大粗纹螺钉，如图8-8所示。还有机箱开盖一侧的手拧螺钉。所有的螺钉按类型分开放置，以便取用。

图 8-6

图 8-7

图 8-8

（4）其他需要准备的

零件准备完毕后，需要查看涂抹用的硅脂，如图8-9所示，以及小刷子、插排、网线等是否也已经准备到位。

图 8-9

（5）静电排除

静电是电脑的一大杀手。在安装或者接触电脑硬件前，一定要排净身上的静电。通常的做法有：接触大块的接地金属物，如自来水管，也可以通过洗手释放。

有条件的话，也可以佩戴防静电手套，如图8-10所示；或指套，如图8-11所示，或者使用接地的防静电手环来进行防护。

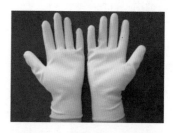

图 8-10

图 8-11

## 8.2　安装内部组件

首先要做的就是安装机箱内部的电脑组件。按照以下步骤，就可以非常正确且快速地完成内部组件的安装了。

### 8.2.1　安装CPU

扫一扫　看视频

Intel CPU和AMD的CPU略有不同，这里分开来讲解。

（1）安装Intel CPU

Intel CPU的连接方法如下。

**步骤 01** 将主板放置到平整的桌面上，如图8-12所示。如果有防静电海绵，可以放置到主板下方，起到隔绝静电以及缓冲的作用。

图8-12

**步骤 02** 用力下压固定拉杆，然后向外掰出，使拉杆离开固定位置，如图8-13所示。这里注意CPU部分的固定

盖上，有CPU的安装方向提示，记住方向，防止在安装CPU时装反。

图8-13

**步骤 03** 将拉杆向上抬起，到最高处，如图8-14所示。

图8-14

**步骤 04** 掀起CPU固定金属框到最高处，如图8-15所示。

图 8-15

**步骤 05** 在CPU上也有方向箭头，将其对准CPU插槽，然后轻轻放置在插槽中，如图8-16所示。一定要注意方向和力度，不可大力。

图 8-16

完成安放后，效果如图8-17所示。

图 8-17

**步骤 06** 盖上固定金属框，如图8-18所示。

图 8-18

**步骤 07** 将固定拉杆向下拉，并卡在固定槽中，如图8-19所示。

图 8-19

固定完毕后，效果如图8-20所示。

图 8-20

（2）安装AMD CPU

AMD CPU的连接方法如下。

**步骤 01** 将CPU固定拉杆下压并向外掰一点，然后轻轻抬起，如图8-21所示。

图 8-21

**步骤 02** 观察CPU，将CPU方向箭头对准插槽上的CPU箭头，轻轻放入，如图8-22所示。

图 8-22

**步骤 03** 将CPU拉杆向下压至卡扣位置，并固定，如图8-23所示。

图 8-23

完成AMD CPU的安装，效果如图8-24所示。

图 8-24

**8.2.2** 安装散热器

扫一扫 看视频

CPU安装好后，就可以安装散热器了，但是在安装散热器前还需要一个关键步骤，涂抹硅脂，以增加CPU散热。

**步骤 01** 使用工具将散热硅脂薄薄均匀地涂抹在CPU上，完成后如图8-25所示。

图 8-25

**步骤 02** 首先安装散热器的固定扣具。将扣具对准主板上的固定口，轻轻将扣具卡入固定口中，如图8-26所示。

图 8-26

**步骤 03** 直到扣具底座完全穿过主板并固定到主板上。完成后，主板背面的效果如图8-27所示。这里一定要注意对准固定口，用力一定要均匀。

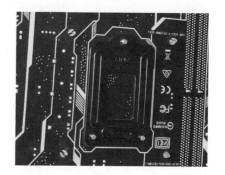

图 8-27

**步骤 04** 完成底座安装后，将固定杆插入底座的固定口中，如图8-28所示，并按到底，听到"咔"的声响后，就说明已经完全固定了。

图 8-28

**步骤 05** 将风扇对准CPU的中心位置，轻轻放置在上面，如图8-29所示。

图 8-29

**步骤 06** 随便固定一侧的固定卡子，只要将风扇的夹子扣到底座的卡子上即可。并将另外一侧的卡子向外掰，然后固定到底座的卡扣上，如图8-30所示。

图 8-30

完成固定后，可以轻轻晃动风扇，以确定安装完毕，如图8-31所示。

图 8-31

**步骤 07** 将风扇接口插入CPU的 CPU FAN接口上，如图8-32所示。

图 8-32

这里需要注意，一般主板提供4针的接口，如果CPU风扇是3PIN的，就按照防呆设计连接。

### 8.2.3 安装内存

扫一扫 看视频

接下来就是安装内存了，安装内存时，要大胆谨慎。

**步骤 01** 掰开固定卡扣，将内存条与防呆缺口的位置进行比对，以便确定方向，如图8-33所示。

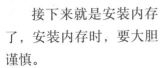

图 8-33

**步骤 02** 因为是单边卡扣，个人习惯先放入一边，另一边慢慢放入，如图8-34。

图 8-34

**步骤 03** 到底后，双手按住内存上部两边，使劲下压，直到听到"咔"的声响，且一边的卡扣回复至正立位置，说明内存已经卡到正确位置了，如图8-35所示。

如果是双边卡扣，那么两边的卡扣都会立起并会卡住内存的两边。卡住后，可以试着拉一下内存，看是否已经卡紧。

图 8-35

### 8.2.4 安装主板

扫一扫 看视频

在安装主板前，需要提前安装一些小零件，那就是铜柱螺钉。

（1）安装铜柱螺钉及挡板

首先需要安装铜柱螺钉。

**步骤 01** 将主板先放在机箱中，然后比对下有哪些孔需要安装螺钉，然后拿下主板，将铜柱螺钉按照之前的位置拧入机箱的对应孔中，如图8-36所示。

图 8-36

**步骤 02** 取出挡板，安放到机箱的挡板位置，从内向外扣到机箱上，如图8-37所示，然后压入槽中，直到听到"咔"的卡入声，完成挡板的安装。

这里一定要注意挡板的方向，不要安装反了。安装时要小心，不要被挡板伤到手。

图 8-37

（2）安装主板及固定螺钉

下面进行主板的安装和固定。

**步骤 01** 将主板放入机箱并将接口插入主板挡板，让所有接口都从挡板中露出。然后稍微移动主板，将所有螺钉孔露出，如图8-38所示。

图 8-38

**步骤 02** 使用螺丝刀将固定螺钉拧入铜柱螺钉的固定孔中，如图8-39所示。

图 8-39

固定时可以先拧入对角孔，就不会造成其他孔的移位而无法拧入螺钉了。安装完毕后，效果如图8-40所示。

图 8-40

### 8.2.5 安装电源

扫一扫 看视频

接下来开始机箱电源的安装。

**步骤 01** 拿出电源，确定方向，如图8-41所示。

图 8-41

**步骤 02** 将电源放入机箱中电源的位置，调整电源位置，将所有螺钉孔露出，如图8-42所示。

图 8-42

**步骤 03** 使用螺丝刀安装电源固定螺钉，如图8-43所示。

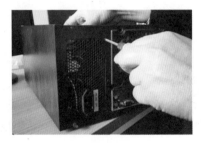

图 8-43

完成电源固定，如图8-44所示。

图 8-44

**步骤 04** 连接电源线路。首先连接24PIN的主板电源连接线，如图8-45所示。

图 8-45

**步骤 05** 将其按照方向及防呆缺口的位置，插入主板的电源孔中，如图8-46所示。

图 8-46

**步骤 06** 连接CPU的4PIN供电，如图8-47所示，将其插入主板的CPU电源孔中，如图8-48所示。因为有防呆设计，安装还是比较安全的。本例的CPU是4PIN供电，还有些CPU是双4PIN供电，这里就需要参考对应的说明来确定是否要插2个了。

图 8-47

图 8-48

## 8.2.6 机箱跳线

扫一扫 看视频

接下来可以先安装显卡，但是安装完显卡，尤其显卡比较大的情况下，会对机箱跳线带来难度，这里就先进行机箱跳线，然后再安装显卡。

**步骤 01** 首先介绍音频跳线的连接，如图8-49所示，是10PIN，其中有一个防呆口是封闭的，以防止插错。

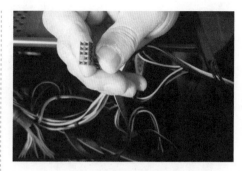

图 8-49

**步骤 02** 在主板上找到音频跳线接口，插入即可，如图8-50所示。

图 8-50

**步骤 03** 连接前置USB接口跳线，如图8-51所示，可以看到，也是10PIN的设计，其中一个接口是封死的，以防止插错。在主板上找到对应的USB跳线接口，插入即可，如图8-52所示。

图 8-51

图 8-52

**步骤 04** 连接前置USB3.0接口，可以看到这个跳线接口是蓝色的，而且有防呆的设计，也有一个口是封闭的，如图8-53所示。用户只要将其接入对应的主板USB3.0插槽即可，如图8-54所示。

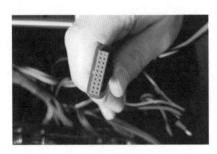

图 8-53

图 8-54

**步骤 05** 连接指示灯和按钮跳线，如图8-55所示。因为按钮不分正负极，而指示灯分，在主板上，左侧一般是正接线柱，具体的用户可以查询主板说明即可。完成连接后，如图8-56所示。

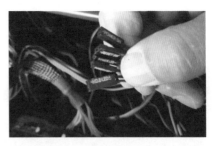

图 8-55

图 8-56

### 8.2.7 安装显卡

接下来进行显卡的安装，在安装显卡前，需要 扫一扫 看视频 对比显卡大小和机箱的挡板，将多余的挡板拆掉，再开始显卡的安装。

**步骤 01** 将显卡放入机箱中，将金手指对准插槽插入，并用双手均匀用力，插到底即可，如图8-57所示。

图 8-57

**步骤 02** 使用螺钉将显卡固定到机箱上，如图8-58所示。显卡安装完毕。

图 8-58

### (8.2.8) 硬盘的安装

扫一扫 看视频

硬盘包括了SATA接口的硬盘和M.2接口的硬盘，接下来进行SATA硬盘安装的介绍。

**步骤 01** 现在的SATA接口硬盘基本都是2.5英寸的。直接将硬盘放置到机箱硬盘槽中，露出螺钉孔，如图8-59所示。

图 8-59

**步骤 02** 使用螺丝刀将固定螺钉拧入固定孔，完成硬盘固定，如图8-60所示。

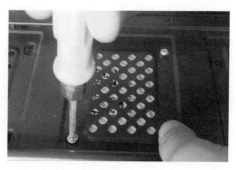

图 8-60

**步骤 03** 接下来将SATA数据线一头接到硬盘的SATA数据线孔中，如图8-61所示，另一端接到主板的SATA数据线孔中，如图8-62所示。

图 8-61

图 8-62

**步骤 04** 下面将SATA电源线接到硬盘的电源口中，如图8-63所示，因为有防呆设计，连接时看准方向即可。连接完毕后，最终如图8-64所示。

图 8-63

整理完机箱内的线缆，完成内部组件的安装。接下来，盖上机箱盖并拧上

固定螺钉即可。

图 8-64

## 8.3 连接外部设备

完成机箱内部各设备的接驳和安装后，盖上机箱盖即可。接下来介绍机箱与一些常见的外部设备之间的连接方法。

### 8.3.1 键盘鼠标的连接

如果是PS2接口的键盘鼠标，需要根据方向接入到主板的PS2接口中。如果是USB接口的，只要将键盘鼠标接入到主机后面的USB接口即可，如图8-65所示。

扫一扫 看视频

接入PS2接口时，需要注意方向，PS2接口有插针和防呆设计。

### 8.3.2 显示器连接

显示器连接需要使用对应的视频线，注意好视频线的方向，如图8-66

扫一扫 看视频

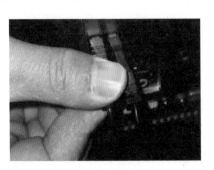

图 8-65

图 8-66

硬件篇

第8章 电脑主要部件的组装

165

所示。接入主板或者显卡的接口，如图8-67所示。

图 8-67

图 8-69

### 8.3.3 电源线连接

扫一扫 看视频

电源线的连接比较简单，因为有防呆设计，而且3针也不容易插错，接入后，如图8-68所示。

图 8-68

图 8-70

### 8.3.5 连接音频线

扫一扫 看视频

机箱的音频线，只要插到主板的绿色音频接口即可。

完成所有内外部线缆的连接就可以开机查看是否可以启动电脑了。到这里，电脑的组装就全部完成了。

在整个过程中，用户要胆大心细、耐心。注意不要丢失零件。这里的步骤是比较普遍的步骤，有时在装机时，可能会有特殊情况，也可以更换步骤，只要把内部设备正确地安装到位即可。

整个过程中，一定要注意安全，不要被机箱或者零件划伤。

### 8.3.4 安装网线

扫一扫 看视频

网线的连接比较简单，注意方向即可，如图8-69所示。

如果是无线网卡，只要插到USB接口即可，如图8-70所示。

## 知识超链接　　电脑测试软件

电脑在组装完成后，通常需要通过软件测试各部件或进行跑分测试。那么常用的软件有哪些？这里简单进行介绍。

（1）查看配置

整体查看的软件有鲁大师，如图8-71所示。

图8-71

（2）专业测试

测试整机性能的PCmark、显卡专业测试的3Dmark，如图8-72所示。

图8-72

（3）CPU GPU检测工具

CPU检测工具最常用的就是CPU-Z了，如图8-73所示。GPU-Z是检测显卡核心，功能类似。

（4）综合检测软件

Aida64是一个综合检测电脑参数

的软件，如图8-74所示。

图8-73

图8-74

（5）硬盘测试软件

硬盘测试一般使用HDtune。用CrystalDiskMark测速，如图8-75所示。

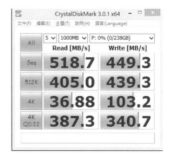

图8-75

# 系统篇

电脑组装与维修
一本通

第9章

系统安装
准备工作

**学习目的与要求**

电脑安装完毕后，可以开机测试各部件是否正常，能不能进入BIOS看到这些设备。然后就可以进行操作系统的安装了。在安装操作系统前，需要进行一些准备工作，比安装更重要。

用户需要提前准备好一个空白U盘，有条件的用户，可以准备一块空白的硬盘，用来练习分区操作。

**知识实操要点**

◎ 制作可以开机启动的U盘
◎ 常用BIOS的设置
◎ 对硬盘进行分区

# 9.1 制作可以开机启动的U盘

现在电脑基本已经淘汰了光驱，U盘就成了主要的系统安装途径。现在的主板也普遍支持了U盘启动。那么如何制作可以启动并可以进行系统安装的U盘呢？下面一起来学习这种U盘的制作方法吧。

## 9.1.1 认识PE

提到可以启动的U盘，不得不提到一个系统，那就是PE，如图9-1所示。

图9-1

Windows Preinstallation Environment（Windows PE），Windows预安装环境，是带有有限服务的最小Windows子系统，基于以保护模式运行的Windows内核。现在的Windows PE，一般用于安装操作系统，如图9-2所示，以及修复各种故障。

官方给出的PE功能十分简单，一般建议高级用户自己配置工具使用。而普通用户，建议直接使用第三方工具制作启动盘。因为其默认集成了很

图9-2

多实用的工具，在电脑无法开机时，可以通过PE系统修复电脑里的各种问题，比如删除顽固病毒，修复磁盘引导分区错误，给硬盘分区，数据备份等，如图9-3所示。

图9-3

需要注意的就是，使用第三方软件制作PE U盘，有可能会给系统带来大量广告。所以用户在安装这种PE时，需要注意取消广告赞助，如图9-4所示。但是，有一定基础，可以手动卸载推广软件的用户，建议支持一下。

图9-4

PE现在还有一个非常有用的功能，就是一些主流PE加入了各种驱动，包括声卡驱动、有线网卡驱动、无线网卡驱动，也可以进行PPPOE拨号，如图9-5所示。

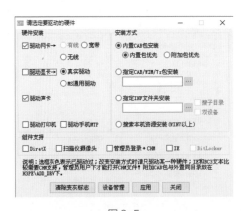

图9-5

通过PE自动或者自己手动安装驱动，用户可以直接在PE中上网，听音乐，查资料，上QQ，下载资源，浏览共享，使用TeamView远程，使用命令提示符等，PE可以直接访问硬盘，PE U盘就相当于一个随身携带的小型系统，且功能非常强大，如图9-6所示。

图9-6

第三方软件制作的启动U盘，可以包含不止一个PE系统，可以集成很多PE环境。还有其他如分区、加载其他ISO、命令提示符、GHOST功能、检测工具等，可以不进入PE直接使用，非常方便，如图9-7所示。

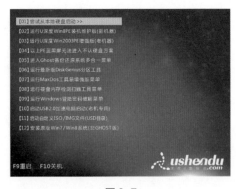

图9-7

第三方PE的制作工具有很多，经常使用的，比如老毛桃PE，如图9-8

所示，还有大白菜PE、微PE等。

图9-8

用户也可以使用如Ultral ISO配合各种PE的ISO镜像，如图9-9所示，制作自己的纯净PE，如图9-10所示。

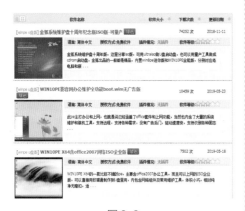

图9-9

图9-10

另外有一定基础的，还可以通过对应U盘主控的量产工具，进行量产，如图9-11所示。简单说，就是给U盘分区，变成CD-ROM+HDD的模式，一个U盘有2种PE共存，都可以用，应用范围就非常广了。

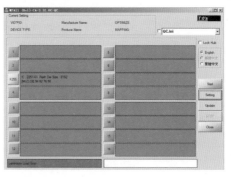

图9-11

当然，量产工具本身是给厂家使用的，可以大批量设置U盘参数。普通用户使用该工具，除了制作N合一U盘外，也可以对损坏的U盘尝试进行修复。但是量产工具有风险，使用需谨慎。

### 9.1.2 U盘启动

U盘启动是在电脑自检后，不从硬盘启动，而从U盘启动，读取U盘中的系统。然后用户选择高级选项，如启动PE系统、安装系统、启动镜像文件、进行GHOST安装、检测修复系统、分区等操作。

### 9.1.3 安装U深度程序

虽然有很多方法可以制作启动U

盘，但是建议新手先使用第三方结合了PE的启动U盘，在了解了使用方法、区别和制作方法后，再自己DIY。

各种U盘启动的PE，如老毛桃、大白菜、U深度官网，都有安装包，安装可启动U盘，以及安装系统的文字及视频教程。用户如果要了解得更深，可以去这些网站查看，如图9-12所示。

图9-12

这里以笔者比较常用的U深度PE为例，如图9-13所示，向读者介绍制作方法。

图9-13

步骤 01 进入官网，因为增强版增加了很多功能，所以这里单击"增强版下载"按钮，如图9-14所示。

图9-14

 知识扩展

### UEFI版本和普通版本的区别

现在网上提供了多种启动U盘的制作软件。通常分为UEFI版及装机版。

（1）UEFI模式优点
- 免除了U盘启动设置；
- 直接进入菜单启动界面；
- 进入PE快捷方便。

（2）传统装机版优点
- 启动稳定进入菜单；
- 占用空间小；
- 功能强大可靠，支持的主板比较多。

步骤 02 选择好保存路径，单击"下载"按钮，完成下载，如图9-15所示。

图9-15

**步骤 03** 下载完成后，进入对应的下载目录，可以看到安装包，双击安装包，启动安装程序，单击"自定义安装"按钮，在新窗口中选择安装位置，单击"立即安装"按钮，如图9-16所示。稍等片刻，完成安装。

图 9-16

## 9.1.4 使用制作程序

程序安装完成后，就可以启动制作程序来制作启动U盘了。首先需要插入U盘。

扫一扫 看视频

**步骤 01** 双击软件图标，启动制作程序。可以看到，U盘被识别出来了，也可以手动选择U盘的盘符。其他保持默认即可。这里介绍取消广告赞助的方法。单击"高级设置"按钮，如图9-17所示。

图 9-17

**步骤 02** 在"个性化设置"界面中，单击左下角的"取消赞助商"按钮，如图9-18所示。

图 9-18

**步骤 03** 输入官方网址，并单击"立即取消"按钮，如图9-19所示。

图 9-19

**步骤 04** 当然还是建议有能力的读者可以支持一下这类软件的作者，毕竟花费了很多精力。如果仍坚持取消，单击"否"按钮，如图9-20所示。

图 9-20

**步骤 05** 取消成功，系统弹出提示，单击"确定"按钮，如图9-21所示。

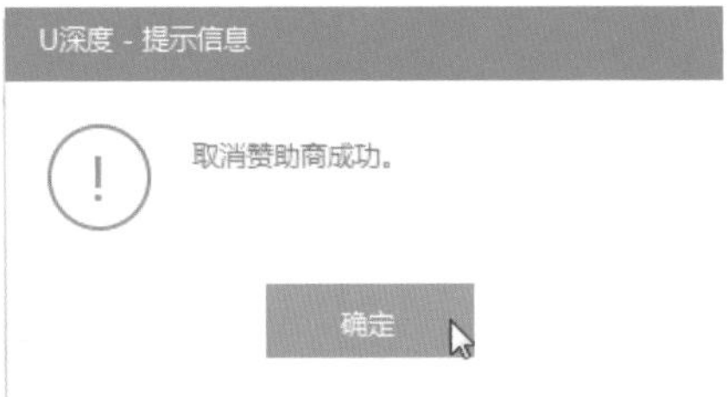

图 9-21

**步骤 06** 单击右下角的"保存设置"按钮，如图9-22所示，此时左下角的取消赞助商按钮已经消失。

图9-22

**步骤 07** 返回到主界面中，单击"开始制作"按钮，如图9-23所示。

图9-23

**步骤 08** 软件弹出提示，建议用户提前做好备份。如无问题，单击"确定"按钮，如图9-24所示。

图9-24

**步骤 09** 初始化后，就开始写入了，如图9-25所示。

图9-25

**步骤 10** 完成初始化、创建分区、写入等过程后，最终弹出完成提示，如图9-26所示。单击"是"按钮。

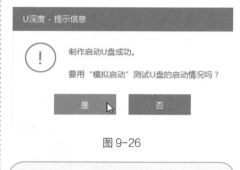

图9-26

> 注意：该过程中，一定保证不要插拔或使用U盘，否则可能产生难以预料的错误。

**步骤 11** 可以使用软件的测试界面查看是否可以使用，如图9-27所示。

图9-27

## 9.2 UEFI引导的系统

制作了可以启动的U盘后，需要了解一个相对于BIOS+MBR比较新的UEFI。

### 9.2.1 熟悉BIOS

在介绍UEFI之前，先来认识传统的BIOS。

（1）BIOS的功能

BIOS的主要功能有：终端例程、系统设置、上电自检和自检程序。其中，BIOS开机如果检测发现有问题，会自动进行声音警告提示或者给出提示信息，供用户参考，如图9-28所示。

图 9-28　BIOS 报错信息

（2）传统BIOS界面及操作

传统BIOS如图9-29所示，使用键盘按键进行操作。

按方向键"↑、↓、←、→"：移动到需要操作的项目上；

按"Enter"键：选定此选项；

按"Esc"键：从子菜单回到上一级菜单或者跳到退出菜单；

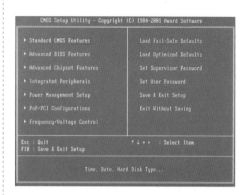

图 9-29

按"+"或"PU"键：增加数值或改变选择项；

按"–"或"PD"键：减小数值或改变选择项；

按"10"键：保存改变后的CMOS设定值并退出。

（3）传统BIOS菜单功能简介

传统BIOS还分为Award、AMI及Phoenix三大BIOS。因为传统BIOS基本已经被淘汰了，那么就上面一种简单介绍下功能，以便与UEFI BIOS对照。

Standard CMOS Features（标准CMOS功能设定）：设定日期、时间、软硬盘规格及显示器种类。

系统篇

第9章　系统安装准备工作

177

Advanced BIOS Features（高级BIOS功能设定）：对系统的高级特性进行设定。

Advanced Chipset Features（高级芯片组功能设定）：设定主板芯片组的相关参数。

Integrated Peripherals（外部设备设定）：使设定菜单包括所有外围设备的设定，如声卡、Modem、USB键盘是否打开等。

Power Management Setup（电源管理设定）：设定CPU、硬盘、显示器等设备的节电功能运行方式。

PNP/PCI Configurations（即插即用/PCI参数设定）：设定ISA的PnP即插即用界面及PCI界面的参数，此项仅在系统支持PnP/PCI时才有效。

Frequency/Voltage Control（频率/电压控制）：设定CPU的倍频，设定是否自动侦测CPU频率等。

Load Fail-Safe Defaults（载入最安全的缺省值）：载入工厂默认值作为稳定的系统使用。

Load Optimized Defaults（载入高性能缺省值）：载入最好的性能但有可能影响稳定的默认值。

Set Supervisor Password（设置超级用户密码）：可以设置超级用户的密码。

Set User Password（设置用户密码）：使用此菜单可以设置用户密码。

Save & Exit Setup(保存后退出)：保存对CMOS的修改，然后退出Setup程序。

Exit Without Saving（不保存退出）：放弃对CMOS的修改，然后退出Setup程序。

### 9.2.2 UEFI简介

UEFI（Unified Extensible Firmware Interface），全称"统一的可扩展固件接口"，是一种详细描述类型接口的标准。这种接口用于操作系统自动从预启动的操作环境，加载到一种操作系统上，被看作是有20多年历史的BIOS系统的继任者。

其实，现在看到的BIOS，也是UEFI提供的一个操作界面，相当于模拟出来的。

UEFI BIOS如图9-30所示，新式的UEFI的BIOS，根据不同厂商，有很多不同。而且UEFI BIOS是可以使用鼠标操作的，简单模式非常直观，动动鼠标即可查看状态，更改启动顺序。

图9-30

### 9.2.3 UEFI与BIOS的区别

UEFI与传统BIOS的区别或者说

UEFI的优势是什么呢?

（1）纠错特性

与BIOS显著不同的是，UEFI是用模块化、C语言风格的参数堆栈传递方式、动态链接的形式构建系统，比BIOS更易于实现，容错和纠错特性也更强。

（2）兼容性

与BIOS不同的是，UEFI体系的驱动并不是由直接运行在CPU上的代码组成的，而是用EFI Byte Code（EFI字节代码）编写而成的。基于解释引擎的执行机制，大大降低了UEFI复杂驱动的编写门槛，所有的PC部件提供商都可以参与。

（3）鼠标操作

UEFI内置图形驱动功能，可以提供一个高分辨率的彩色图形环境，用户进入后能用鼠标点击调整配置，一切就像操作Windows系统下的应用软件一样简单。

（4）可扩展性

UEFI将使用模块化设计，它在逻辑上分为硬件控制与OS（操作系统）软件管理两部分，硬件控制为所有UEFI版本所共有，而OS软件管理其实是一个可编程的开放接口。借助这个接口，主板厂商可以实现各种丰富的功能。

（5）UEFI组成优势

目前UEFI主要由这几部分构成：UEFI初始化模块、UEFI驱动执行环境、UEFI驱动程序、兼容性支持模块、UEFI高层应用和GUID磁盘分区。

值得注意的是，一种突破传统MBR（主引导记录）磁盘分区结构限制的GUID（全局唯一标志符）磁盘分区系统将在UEFI规范中被引入。MBR结构磁盘只允许存在4个主分区，而这种新结构却不受限制，分区类型也改由GUID来表示。

## 9.2.4 UEFI安装快速启动系统的要求

UEFI模式下安装操作系统，可以跳过BIOS自检程序，直接加载操作系统，UEFI安装操作系统的要求，可以简单地理解成：

● 支持UEFI的主板；

● 支持UEFI的启动设备（如UEFI模式U盘）；

● 支持UEFI的操作系统（如Win7 64位、Win8 64位、Win10 64位）；

● 硬盘必须是GPT格式（包含主分区、ESP分区、MSR分区和系统保留分区）。

## 9.2.5 传统BIOS常用设置

介绍了传统BIOS和UEFI BIOS，下面介绍一些BIOS的常用操作。

（1）修改系统时间

在进入了BIOS设置后，在"Standard CMOS features"选项中即可找到BIOS时间设置，然后按键盘上的"+、−"键修改时间即可，修改完成后按"F10"键保存并退出，在弹出的确认框中，选择"Yes"（默认），然后按回车键即可，如图9-31所示。

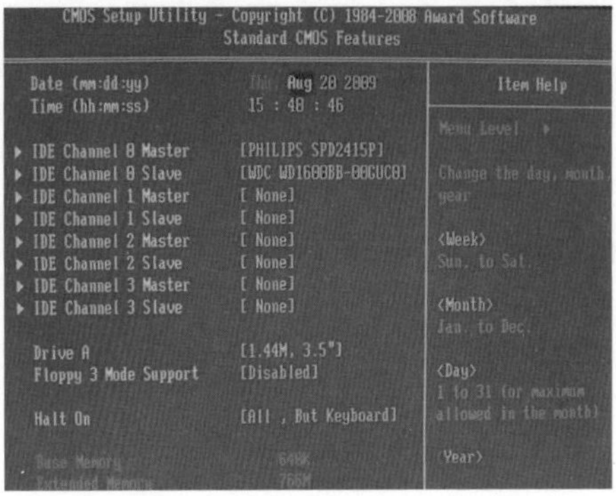

图9-31

（2）设置启动顺序

在Advanced BIOS features（老主板在BIOS Feature Setup里）选项设置里可以找到First Boot Device（老主板叫Boot Sequence里），只要将这项设置为需要第一启动的设备即可，如图9-32所示。

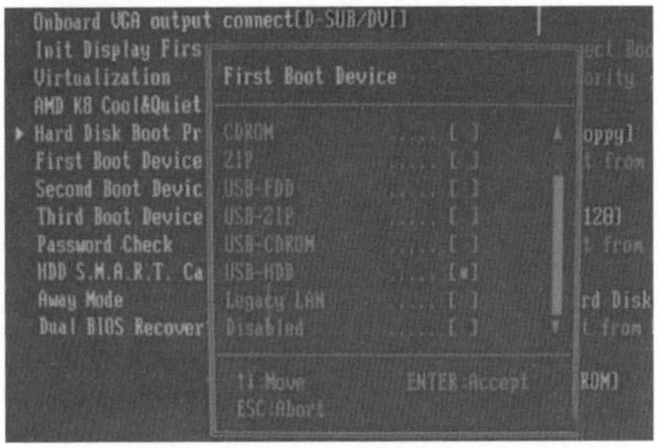

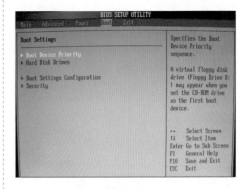

图9-32

如果是设置BIOS从U盘启动，只要将First Boot Device设置为USB-HDD或USB-ZIP（根据USB启动盘类型确定，另外请提前插入U盘，以便让电脑检测到）。

（3）恢复出厂值

由于BIOS界面基本都是全英文，很多不太懂的用户往往容易出错，导致各种电脑问题的发生，而又不知道如何恢复。这种情况就需要用到BIOS里的"Load Optimized Defaults"。进入BIOS设置界面后，找到并选中右侧的"Load Optimized Defaults"，然后按"Enter"键，在弹出的确认框中，选择"Yes"，然后再按一次回车键即可，如图9-33所示。

图9-33

（4）其他BIOS设置启动顺序

在"Boot"选项卡中，单击"Boot Device Priority"选项，如图9-34所示。

图9-34

在选项中，单击第一选项，选择

启动设备，这里选择U盘启动，如图
9-35所示。

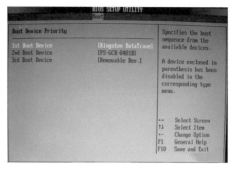

图9-36

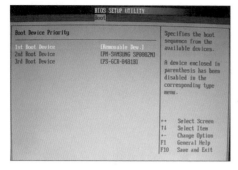

图9- 35

进入硬盘驱动器"Hard Disk
Drives"界面，需要选择U盘作为第
一启动设备"1st Drive"。如果之前在
"Hard Disk Drives"里已经选择U盘为
第一启动设备，那么在这个界面里会
显示U盘，如图9-36所示。

（5）保存设置

在设置完成后，按键盘的"F10"
键，再按一次回车键进行保存即可，
如图9-37所示。

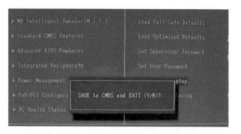

图9-37

扩展阅读：
UEFI BIOS功能及
设置

## 9.3 硬盘分区操作

在安装系统前或者安装系统中，都需要对硬盘进行分区操作。为什么要分
区？如何进行分区？下面将向各位读者详细介绍。

### 9.3.1 分区入门知识

（1）分区的含义

当创建分区时，就已经设置好了
硬盘的各项物理参数，指定了硬盘主
引导记录（Master Boot Record，一般
简称为MBR）和引导记录存放位置。

安装操作系统和软件之前，首先

需要对硬盘进行分区和格式化，才能使用硬盘保存各种信息。

（2）分区的目的

电脑分区从本质上说，是对电脑硬盘的一种格式化，只有格式化以后，才能进行数据的保存。电脑分区后，就出现了现在的C盘、D盘、E盘等盘符，实际上就是将一块硬盘从逻辑上划分为多个，从而方便系统的安装、文件的存储、灾难恢复等。

（3）传统分区的类型及作用

① 主分区　主分区也叫引导分区，Windows系统一般需要安装在这个主分区中，这样才能保证开机自动进入系统。简单来说，主分区就是可以引导电脑开机读取文件的磁盘分区。

一块硬盘，最多可以同时创建4个主分区，当创建完4个主分区后，就无法再创建扩展分区和逻辑分区了。

② 扩展分区　扩展分区是一个概念，在硬盘中是看不到的，也无法直接使用扩展分区。

仅当主分区容量小于硬盘容量，剩下的空间就属于扩展分区了，扩展分区可以继续扩展切割分为多个逻辑分区。

③ 逻辑分区　在扩展分区上面，可以创建多个逻辑分区。逻辑分区相当于一块存储介质，和操作系统还有别的逻辑分区、主分区没有什么关系，是"独立的"。

（4）分区格式

NTFS显著的优点是安全性和稳定

性极其出色，对硬盘的空间利用及软件的运行速度都有好处。而且单个文件可以超过4GB。对用户权限有非常严格的限制，每个用户只能按照系统赋予的权限进行操作，充分保护了网络系统与数据的安全。

另外还有FAT16及FAT32格式，用在一些特殊的场合。

### 9.3.2　GPT简介

GUID磁盘分区表（GUID Partition Table，GPT）其含义为"全局唯一标识磁盘分区表"，是一个实体硬盘的分区表的结构布局的标准。它是可扩展固件接口（EFI）标准的一部分。所以GPT是分区表类型，地位类似于MBR，而不是一个磁盘分区格式。

GPT分区表采用8字节即64bit来存储扇区数，因此最大可以支持264个扇区。按照每扇区512字节容量计算，每个分区的最大容量可达9.4ZB（94亿TB）。Win7及以上系统都支持GPT分区表，而只有64位的系统，可以从GPT启动。

### 9.3.3　使用DG创建分区

扫一扫　看视频

（1）创建MBR分区表分区

接下来介绍使用DG创建分区的步骤。首先介绍MBR分区创建步骤。

步骤 01　进入PE，启动DiskGenius

软件,可以看到,此时硬盘为空闲80GB。

在分区图标上单击鼠标右键,选择"建立新分区"选项,如图9-38所示。

图9-38

**步骤 02** 在弹出的对话框中选择"主磁盘分区"按钮,选择文件类型和该分区的大小以及对齐方式。

一般这个分区就是系统最终安装位置的分区,如图9-39所示,单击"确定"按钮。

图9-39

**步骤 03** 在剩下的灰色分区上,单击鼠标右键,选择"建立新分区"选项,如图9-40所示。

图9-40

**步骤 04** 选择"扩展磁盘分区"单选按钮,将剩余的空间都创建为扩展分区,完成后,单击"确定"按钮,如图9-41所示。

图9-41

**步骤 05** 只有激活状态才能启动系统。如果不是激活状态,就在主分区上单击鼠标右键,选择"激活当前分区"选项即可,如图9-42所示。

图 9-42

**步骤 06** 完成分区后，单击快捷方式的"保存更改"按钮，如图9-43所示。

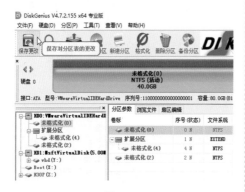

图 9-43

**步骤 07** 软件弹出确认提示，单击"是"按钮，如图9-44所示。

图 9-44

（2）删除分区

删除分区的方法就是在分区上单击鼠标右键，选择"删除当前分区"

选项，如图9-45所示。

图 9-45

扫一扫　看视频

（3）创建GPT分区表分区

下面介绍创建GPT分区的具体步骤。

**步骤 01** 进入DG以后，选择磁盘，单击"快速分区"按钮，如图9-46所示。

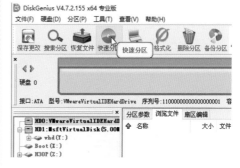

图 9-46

**步骤 02** 设置分区的数目及每个分区的大小、卷标，并勾选ESP分区及MSR分区的创建，选择对齐的扇区字节数，单击"确定"按钮。

**步骤 03** 完成后，系统自动创建完毕，并自动进行了保存，如图9-47所示。

图 9-47

## 知识超链接　　使用DiskGenius的高级功能

DG的功能非常强大，可以对磁盘做很多操作。

（1）转换分区

所谓转换，就是可以使用DG将MBR分区和GPT分区互相转换，如图9-48及图9-49所示。需要注意提前备份资料，否则文件将被删除。

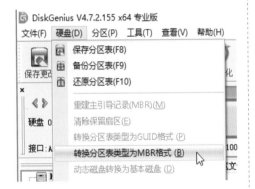

图9-48

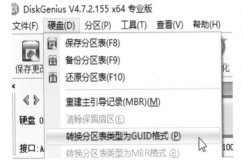

图9-49

（2）无损调整分区大小

如果某分区不够用了，又不想重装，可以从其他分区借空间给该分区使用，如图9-50所示。

图9-50

（3）坏道检测及修复

不需要使用其他软件，就可以使用DG自带的工具进行磁盘检测及修复，如图9-51所示。

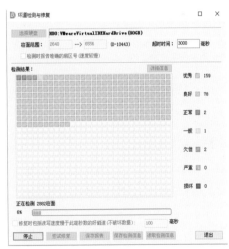

图9-51

（4）4K对齐检查

使用固态硬盘的用户，可以使用DG进行4K对齐检查，如图9-52所示。

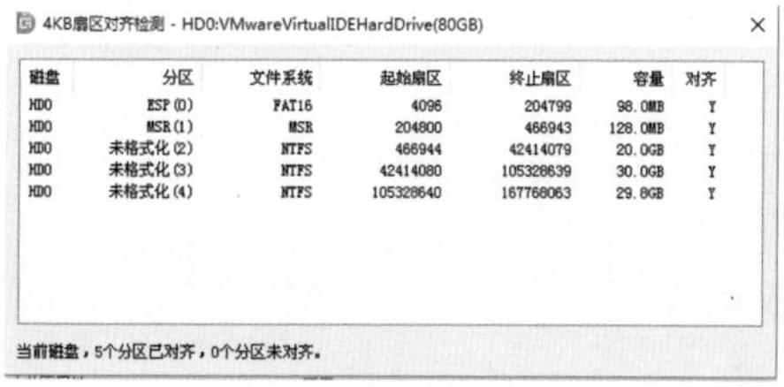

4KB扇区对齐检测 - HD0:VMwareVirtualIDEHardDrive(80GB)                     ×

| 磁盘 | 分区 | 文件系统 | 起始扇区 | 终止扇区 | 容量 | 对齐 |
|------|------|---------|---------|---------|------|------|
| HD0 | ESP (0) | FAT16 | 4096 | 204799 | 98.0MB | Y |
| HD0 | MSR (1) | MSR | 204800 | 466943 | 128.0MB | Y |
| HD0 | 未格式化 (2) | NTFS | 466944 | 42414079 | 20.0GB | Y |
| HD0 | 未格式化 (3) | NTFS | 42414080 | 105328639 | 30.0GB | Y |
| HD0 | 未格式化 (4) | NTFS | 105328640 | 167768063 | 29.8GB | Y |

当前磁盘，5个分区已对齐，0个分区未对齐。

图 9-52

（5）其他功能

检查分区表错误、重建分区表、备份及恢复、克隆及还原、拆分分区、备份还原分区表等，用户可以深入研究。

第 10 章

操作系统
的安装

## 学习目的与要求

前面已经介绍了启动U盘的制作方法，U盘制作完成后，就可以安装系统了。如果是Windows 7，可以先分好区再安装；而Widnows 10，可以在安装过程中进行分区。本章将为用户介绍Windows的安装方法。用户可以根据自己的情况，选择最稳妥的安装方法。

在安装操作系统前，按照上一章的内容，准备好启动U盘及系统镜像文件。

## 知识实操要点

◎ 开机进入PE系统

◎ 虚拟光驱的使用

◎ 系统安装及设置过程

◎ 第三方安装工具的使用

◎ 电脑驱动及应用软件的安装

## 10.1 使用PE安装UEFI模式的Win10

Windows 10是微软最后一个大版本，安装方法也不会变太多。搭配上UEFI模式，可以安装UEFI启动的Windows 10。用户需提前准备Windows系统镜像文件。

### 10.1.1 U盘准备

准备好UEFI模式制作成的U盘。从硬盘管理中可以看到，启动U盘的分区形式和Windows 10的形式是一样的，如图10-1所示。

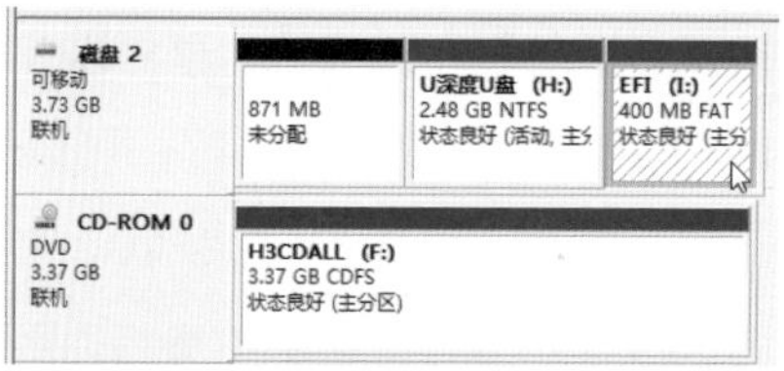

图 10-1

### 10.1.2 BIOS设置

除了U盘是UEFI模式的，主板的BIOS中也要开启UEFI模式。一般来说，新电脑都默认是UEFI模式。

插入U盘，并进入BIOS中设置电脑启动顺序，如图10-2所示。

图 10-2

### 10.1.3 进入PE

此时启动电脑，会读取U盘的UEFI分区信息启动PE。有经验的用户会发现这个过程和UEFI启动的系统是一样的。

### 10.1.4 加载虚拟光驱

进入PE以后，安装系统的方法有很多。接下来介绍虚拟光驱加载并安装系统的步骤。

步骤 01 在主界面中，双击"虚拟光驱"图标，如图10-3所示。

图 10-3

步骤 02 单击左下角的"装载"按钮，启动对话框，单击镜像文件的"选择"按钮，如图10-4所示。

图 10-4

**步骤 03** 找到U盘中的映像文件，单击"打开"按钮，如图10-5所示。

图 10-5

**步骤 04** 确定并返回后，进入到"计算机"中，双击虚拟光驱的图标，如图10-6所示。

图 10-6

**10.1.5** 开始安装

扫一扫 看视频

接下来介绍系统的安装步骤，该步骤与其他原版系统的安装步骤一致。

**步骤 01** 选择系统的语言、时间和货币格式以及输入法，单击"下一步"按钮，如图10-7所示。

图 10-7

**步骤 02** 单击"现在安装"按钮，如图10-8所示。

图 10-8

**步骤 03** 系统启动安装程序，选择安装的版本，完成后单击"下一步"按钮，如图10-9所示。

图 10-9

**步骤 04** 接受许可协议，如图 10-10 所示。

图 10-10

**步骤 05** 选择安装模式，这里是全新安装，选择"仅安装"选项，如图 10-11所示。

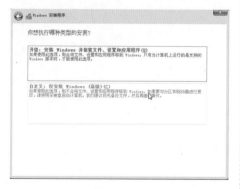

图 10-11

**步骤 06** 进入磁盘分区管理，如果没有分区，会出现如图 10-12所示界面。

图 10-12

需要注意的是一定分清磁盘，其中"0，1，2"分别代表不同的硬盘，根据信息确定安装位置，然后进行分区。这里选择0，未分配的空间120GB，然后单击"新建"按钮，如图 10-13所示。

图 10-13

**步骤 07** 设置好分区大小，单击"应用"按钮，如图 10-14所示。这里注意单位是MB，要进行简单换算。

图 10-14

**步骤 08** 系统弹出提示，需要创建额外分区，单击"确定"按钮，如图10-15所示。

图 10-15

**步骤 09** 系统创建了ESP、MSR以及恢复分区，然后用户可以继续分区，如图10-16所示。

图 10-16

**步骤 10** 选择安装操作系统的分区，单击"下一步"按钮，如图10-17所示。

图 10-17

**步骤 11** 系统开始复制并展开文件，用户稍等，如图10-18所示。

图 10-18

**步骤 12** 系统重启，如图10-19所示。

图 10-19

**步骤 13** 开始各种驱动安装及功能启动设置等，如图10-20所示。

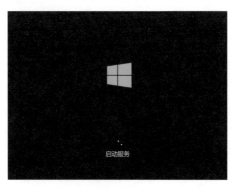

图 10-20

**步骤 14** 系统经过再次重启，完成安装后，弹出设置界面。这里选择"中国"，单击"是"按钮，如图10-21所示。

图 10-21

**步骤 15** 接下来设置键盘布局，单击"是"按钮，如图10-22所示。

图 10-22

**步骤 16** 选择使用第二种键盘布局，如果不需要，单击"跳过"按钮，如图10-23所示。

图 10-23

**步骤 17** 设置分类，这里选择个人，单击"下一步"按钮，如图10-24所示。

图 10-24

**步骤 18** 单击"脱机账户"按钮，如图10-25所示。

图 10-25

**步骤 19** 因为使用本地账户，所以，单击"否"按钮，如图10-26所示。

图 10-26

**步骤 20** 创建账户名称，单击"下一步"按钮，如图10-27所示。

图 10-27

**步骤 21** 设置登录账户的密码，单击"下一步"，如图10-28所示。

图 10-28

**步骤 22** 是否同步各种数据，这里单击"否"，如图10-29所示。

图 10-29

**步骤 23** 提示是否启用数字助理，这里选择"拒绝"，如图10-30所示。

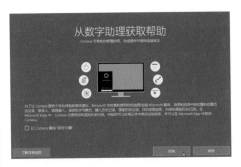

图 10-30

**步骤 24** 根据需要，设置隐私，单击"接受"按钮，如图10-31所示。

图 10-31

**步骤 25** 系统进行最后的配置，以及应用个人设置，如图10-32所示。

图 10-32

　　稍等几分钟，系统弹出Windows 10的桌面，到这里就完成所有安装操作系统的步骤了，接下来用户就可以正常使用新系统了。

**10.2** 使用光盘模式升级硬盘分区表安装Win10

　　光驱模式安装系统是兼容性最强的。有些老机器使用U盘会产生各种问题，用户可以使用光驱或者量产U盘成CD-ROM+HDD模式进行系统的安装。如果只能使用光驱，可以选择外置USB刻录式的。

### (10.2.1) 安装条件

　　有时，安装系统是在已经有系统的情况下更换系统。如果之前的分区表模式是MBR，升级成GPT分区，可以先分区，也可在安装时使用命令升级。

　　使用光驱进行安装，就是启动时不用选择U盘启动，而是从光驱启动。其他安装的流程都一样。用户在安装前需要将镜像ISO文件刻录到光盘中。

### (10.2.2) 开始安装

　　**步骤 01** 将光驱接入电脑，开机后启动到启动设备选择界面，选择光驱选项，将光盘放入光驱，按回车键，如图10-33所示。

图 10-33

　　**步骤 02** 光驱读取安装光盘内容，稍等片刻，如图10-34所示。

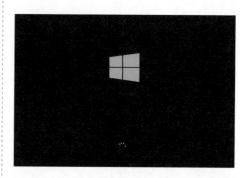

图 10-34

　　**步骤 03** 和之前的一样，设置安装环境，单击"下一步"按钮，如图10-35所示。

图 10-35

　　**步骤 04** 单击"现在安装"按钮，如

图 10-36 所示。

图 10-36

**步骤 05** 选择操作系统的类型，如图 10-37 所示。

图 10-37

**步骤 06** 同意安装协议，继续，如图 10-38 所示。

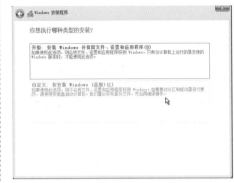

图 10-38

**步骤 07** 全新安装，如图 10-39 所示。接下来就是不同的地方了。

图 10-39

**步骤 08** 在选择安装位置时，就会看到出现了问题，因为是 MBR 分区表，所以提示无法进行安装，如图 10-40 所示，单击后可以查看到详细信息，如图 10-41 所示。

图 10-40

图 10-41

**步骤 09** 使用"Shift+F10"组合按钮启动控制台，如图10-42所示。

图 10-42

**步骤 10** 输入命令"diskpart"使用分区调整命令，使用"list disk"列出当前电脑安装的所有硬盘，使用"select disk X"选择需要进行转换的硬盘，使用"clean"来清除所有磁盘分区，如图10-43所示。系统提示成功清除了磁盘。

图 10-43

**步骤 11** 使用"convert gpt"命令将磁盘转换成GPT格式，如图10-44所示。

**步骤 12** 返回到磁盘管理界面，单击"刷新"按钮，如图10-45所示。

图 10-44

图 10-45

**步骤 13** 此时，硬盘0完全变为未分配空间，如图10-46所示。这里可以按照上一节提到的，重新分区进行安装。

图 10-46

**步骤 14** 除了自动建立外，用户也可以在刚才的界面中，使用"create partition efi size = 100"命令从总磁盘中创建EFI也就是ESP系统分区。使用"create partition msr size = 128"命令创建MSR保留分区。也可以用命令创建其他主分区，这里的单位为MB，使用"exit"命令退出控制台，如图10-47所示。

退出，刷新即可查看到新建的分区。其他的步骤和前一节完全一样，用户继续安装即可。

```
DISKPART> select disk 0
磁盘 0 现在是所选磁盘。
DISKPART> create partition efi size = 100
DiskPart 成功地创建了指定分区。
DISKPART> create partition msr size = 128
DiskPart 成功地创建了指定分区。
DISKPART>
```

图 10-47

#  10.3 使用PE安装普通模式Win7

所谓的普通模式，就是MBR分区表。微软已经结束对Win7的支持，但是有不少用户仍然喜欢使用Win7。该种方法也适用于安装Win10。区别是如果用本方法安装Win10，不需要准备工作，直接跳转进入PE，启动软件即可。

扫一扫　看视频

（1）关闭UEFI模式

UEFI新型主板默认开启了Secure Boot安全启动，UEFI模式下无法直接从U盘启动，并且禁止安装除预装Win8/Win10之外的系统。如果要设置U盘启动或改装Win7系统，就要关闭UEFI启动模式。

① 选择模式　选择安装的系统或者模式。因为不同厂商的BIOS不同，选项是8/10与Other，或者是UEFI mode 与Other OS等。选择Other选项，如图10-48所示。

② 关闭"安全启动"　关闭"安全启动"（Secure Boot）选项，如图10-49所示，不同的主板关闭的位置不同。

图 10-48

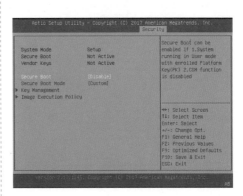

图 10-49

Secure Boot的主要作用是防止恶意软件侵入。由于恶意软件不可能通过认证，因此就没有办法感染Boot。

③ 打开CSM　如图10-50所示，打开CSM功能。

图 10-50

CSM（兼容性支持模块）开启可以支持UEFI启动和非UEFI启动。若是需要启动传统MBR设备，则需开启CSM。关闭CSM则变成纯UEFI启动。

在CSM中将Boot mode或UEFI mode或Boot List Option等，改成BOTH或者LEGACY。

④ 关闭Fast BIOS Modem　把Advanced选项下Fast BIOS Mode设置为Disabled，如图10-51所示。

图 10-51

（2）准备工具

Win7升级到SP1，其后的主板和各组件的驱动几乎没有，会造成USB无法识别以及网卡无法识别。所以需要准备：

● PS2接口的鼠标或者键盘；

● 驱动精灵网卡版。

（3）进入PE，开始安装Win7

步骤 01　插入U盘，从U盘启动到PE环境，PE会直接弹出安装软件，用户也可以手动在桌面上双击"U深度PE装机工具"图标，如图10-52所示。

图 10-52

步骤 02　软件会自动扫描并列出系统中所有的镜像。用户单击下拉按钮查看并选择需安装的版本，如图10-53所示。

图 10-53

使用这个软件可以安装原版Win10及Win7系统，也可以安装GHOST系统，而且支持UEFI模式。本例安装的Win7，所以在主界面中，单击"浏览"按钮，找到并选择Win7的镜像，如图10-54所示。

图 10-54

**步骤 03** 选择安装的版本，然后单击"确定"按钮，如图10-55所示。

 操作点拨

**先分区再安装系统**

用该软件，应先对磁盘进行分区操作，否则可能无法找到能安装的分区。

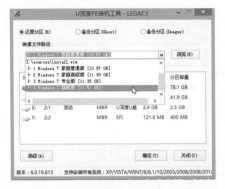

图 10-55

**步骤 04** 软件弹出确认信息，保持默认，单击"确定"按钮，如图10-56所示。

图 10-56

**步骤 05** 复制文件，如图10-57所示。

图 10-57

**步骤 06** 重启电脑，软件执行安装操作，启动正常的系统安装界面，如图10-58所示。

图 10-58

**步骤 07** 稍后，系统弹出配置界面，和Win10的配置基本类似，如图10-59所示，这里就不再介绍了。

图 10-59

安装好Win7后，插入PS2的鼠标启动，然后先运行驱动精灵网卡版，连上网，然后使用驱动精灵打上所有补丁即可。

扩展阅读：
安装GHOST版本的Win7

## 10.4 安装电脑驱动及应用软件

驱动程序是硬件和操作系统的接口，通过设备驱动的安装，操作系统才能正确地识别并使用该硬件。至于软件，根据用户的实际需求，安装一些文档处理、压缩解压、专业软件等各种应用软件。

### 10.4.1 驱动的安装

驱动可分为自动安装和手动安装。

（1）手动安装软件

从官网上去找对应的驱动，然后双击安装，如图10-60所示。

图 10-60

（2）自动识别安装软件

手动安装费时费力，对新手用户不太友好。所以出现了第三方的驱动软件，可以检测并自动安装驱动。

**步骤 01** 这里使用驱动精灵，下载并安装后，双击启动图标，启动程序，单击"立即检测"按钮，如图10-61所示。

图 10-61

**步骤 02** 切换到"驱动管理"选项卡中，可以查看当前系统中已安装及未安装的驱动。单击"一键安装"按钮，进行驱动的下载与安装，如图10-62所示。

图 10-62

**步骤 03** 驱动下载完毕，单击"下一步"按钮，如图10-63所示。

图 10-63

**步骤 04** 这里单击"立即重新启动"按钮，重启计算机，如图10-64所示。

图 10-64

（3）使用Windows Update

Windows Update 也可以安装驱动。

**步骤 01** 用户在"开始"菜单中，找到程序，单击即可启动，如图10-65所示。

图 10-65

**步骤 02** 用户可以单击"检查更新"按钮进行更新检查，如图10-66所示。

图 10-66

**步骤 03** 除了可以更新补丁外，也可以更新驱动程序。用户勾选需要安装的程序，如图10-67所示，然后就可以更新了，完成后会自动安装，重启电脑。

图 10-67

### 10.4.2 安装应用软件

一些常用的软件，比如QQ、压缩解压等软件，可以使用第三方如腾讯软件管理来统一安装，如图10-68所示。

图 10-68

启动软件，选择需要安装的软件，然后就自动下载并启动安装程序。在软件有了更新后，还会提示用户进行升级操作，如图10-69所示。

图 10-69

软件还可以进行卸载操作，如图10-70所示。

图 10-70

### 知识超链接　使用WinNTSetup进行系统的安装

前面介绍了使用光盘、使用工具、使用GHOST进行系统安装的方法，其实安装的方法还有很多，这里以WinNTSetup为例，向读者介绍该工具安装操作系统的方法，结合之前讲解的，用户选择最适合自己的安装模式即可。

步骤 01 进入PE环境后，在桌面上单击"WinNTSetup"工具图标来启动该软件，如图10-71所示。

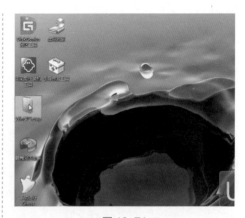

图 10-71

**步骤 02** 在主界面中，选择Windows的安装源，可以是镜像、启动文件等，如图10-72所示。

图 10-72

**步骤 03** 软件会自动将该镜像挂载成虚拟光驱，并找到对应目录的install.win这个软件，当然用户也可以自己先解压，再查找到这个软件。引导驱动器和安装驱动器这里都是C盘，如果使用的是UEFI模式，那么引导驱动器就选择EFI分区，而安装驱动器就是用户需要安装操作系统的地方。完成后，选择安装的系统版本，单击"开始安装"按钮，如图10-73所示。

**步骤 04** 确认信息，这里可以勾选其他版本的Windows，用来做双启，完成后，单击"确定"按钮，如图10-74所示。

图 10-73

图 10-74

**步骤 05** 完成后，软件开始安装系统，最后弹出即将部署的提示，重启后，开始进行正常的设备准备等步骤。

## 学习目的与要求

除了硬件故障外，所有的系统和软件的故障都可以使用各种方法排除。如果真的遇到了无法排除的软件故障，包括应用程序故障和系统故障，应用程序故障可以采用重新安装软件的方法排除。系统故障可以使用各种还原的方法进行恢复，前提条件是用户先进行备份操作才能根据备份进行还原。

通过学习，用户可以了解一些系统还原的相关知识和概念，然后动手开始备份自己的系统文件。

第 11 章

# 电脑系统
# 备份及还原

## 知识实操要点

◎ 使用还原点进行备份和还原
◎ 使用 Windows 备份还原功能进行备份和还原
◎ 使用系统重置功能

## 11.1 使用Windows系统保护进行备份与还原

通过创建还原点，可以将系统返回到上一个记载到还原点时的状态。"系统还原"可以恢复注册表、本地配置文件、COM+数据库、Windows文件保护（WFP）高速缓存（wfp.dll）、Windows管理工具（WMI）数据库等。由于该功能位于系统保护中，为了和其他模式区分开，这里简单叫做系统保护还原。

### 11.1.1 创建还原点

在默认的情况下，该功能是关闭的，所以，首先要做的就是开启该功能。

扫一扫 看视频

**步骤 01** 在桌面的"此电脑"上，单击鼠标右键，在弹出的快捷菜单中，选择"属性"选项，如图11-1所示。

图 11-1

**步骤 02** 在"系统"界面中，单击"系统保护"选项，如图11-2所示。

**步骤 03** 进入"系统属性"界面的"系统保护"选项卡中，选择需要启动"系统保护"的分区，这里一般是系统分区。单击"配置"按钮，如图11-3所示。

图 11-2

图 11-3

**步骤 04** 配置界面中，单击"启用系统保护"单选按钮，拖动滑块，设置系统保护最大空间，完成后，单击"确定"按钮，如图11-4所示。

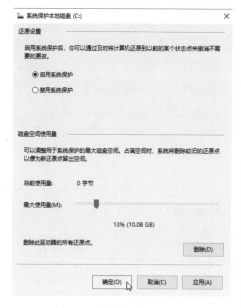

图 11-4

**步骤 05** 返回到"系统属性"界面，单击"创建"按钮，如图11-5所示，为选择的驱动器设置还原点。

图 11-5

**步骤 06** 在"系统保护"对话框中，为还原点创建描述信息，完成后，单击"创建"按钮，如图11-6所示。

图 11-6

**步骤 07** 系统开始创建还原点，如图11-7所示。

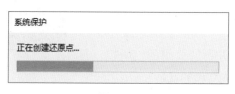

图 11-7

**步骤 08** 完成还原点创建工作，如图11-8所示。单击"关闭"按钮。

图 11-8

## 11.1.2 还原到还原点状态

扫一扫 看视频

配置完毕后，除了手动创建还原点，程序会在后台运行，在触发器事件发生时自动创建还原点。触发器事件包括应用程序安装、Windows Update补丁安装、Microsoft备份应用程序恢复、未经签名的驱动程序安装等。下面介绍还原的具体步骤。

**步骤 01** 打开"系统属性"对话框，在"系统保护"选项卡中，在系统发生故障时，可以单击"系统还原"按钮，如图11-9所示。

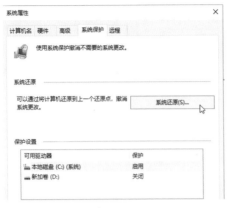

图 11-9

**步骤 02** 在"系统还原"界面中，介绍了"还原系统文件和设置"的含义，单击"下一步"按钮，如图11-10所示。

图 11-10

**步骤 03** 在状态浏览界面中，可以查看到所有还原点信息及备份的日期、描述等内容。选择系统正常工作状态下的还原点，单击"下一步"按钮，如图

11-11所示。用户也可以单击"扫描受影响的程序"来了解还原后哪些程序不可用，如图11-12所示。

图 11-11

图 11-12

**步骤 04** 系统弹出确定信息，单击"完成"按钮，如图11-13所示。

图 11-13

**步骤 05** 系统弹出警告信息，确认无误后，单击"是"按钮，如图11-14所示。

图 11-14

**步骤 06** 系统准备还原，如图11-15所示，并准备数据，如图11-16所示。完成后，重启电脑，再次返回到桌面后，系统提示还原成功，如图11-17所示。可以查看故障是否排除。再次返回

图 11-15

图 11-16

图 11-17

到还原状态界面中，可以查看到此时的还原点状态。

## 11.2 使用Windows备份还原功能

用户可以使用Windows 10自带的备份功能进行备份和还原，包括数据文件、库文件以及系统文件夹和用户手动配置的文件夹，并可以做到增量备份等。

### 11.2.1 启动备份

以Windows 10为例，向读者介绍具体的备份及还原过程。

扫一扫 看视频

**步骤 01** 启动Windows 10系统，在桌面上打开"开始菜单"，单击"设置"按钮，如图11-18所示。

图 11-18

**步骤 02** 进入Windows10设置界面后，找到并单击"更新和安全"选项，如图11-19所示。

图 11-19

**步骤 03** 在"更新和安全"界面中，选择"备份"选项，单击"添加驱动器"前的加号按钮，如图11-20所示。

图 11-20

**步骤 04** 选择一个空间充足的分区，如图11-21所示，Windows备份不是一次性备份，还可以自动备份、递增备份。

如果没有驱动器，可以再加一块硬盘，单击"更多选项"，如图11-22所示。

图 11-21

**备份**

使用文件历史记录进行备份
将你的文件备份到其他驱动器，这样当原始文件丢失、受损或者被删除时，就可以还原它们。

自动备份我的文件

开

更多选项

正在查找较旧的备份？
如果你使用 Windows 7 备份和还原工具创建了备份，则在 Windows 10 中仍可使用该工具。

转到"备份和还原"(Windows 7)

图 11-22

**步骤 05** 在更多选项中，可以设置备份文件的时间间隔以及保存模式，如图11-23左所示，可以设置备份的文件夹，用户也可以添加备份的文件夹，如图11-23右所示。当然，也可以排除不

图 11-23

需要备份的文件夹，如图11-24所示。另外，用户可以再次选择其他备份到的驱动器，如图11-25所示。

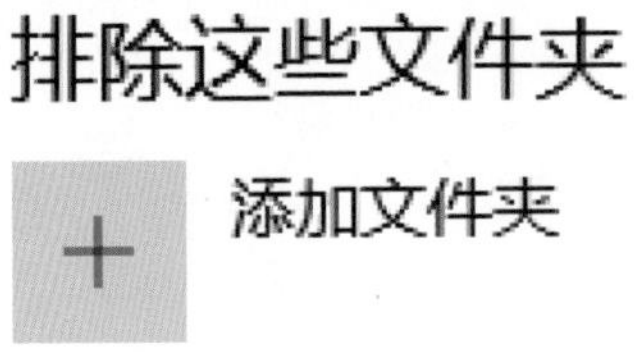

排除这些文件夹
添加文件夹

图 11-24

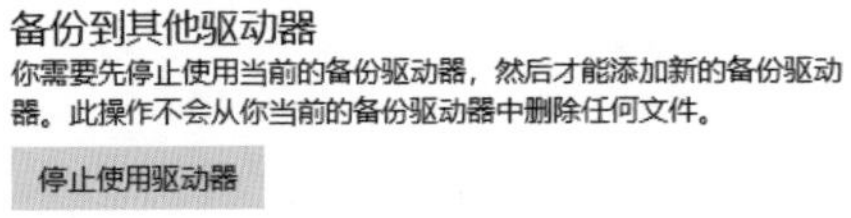
备份到其他驱动器
你需要先停止使用当前的备份驱动器，然后才能添加新的备份驱动器。此操作不会从你当前的备份驱动器中删除任何文件。
停止使用驱动器

图 11-25

**步骤 06** 设置完毕后，单击“立即备份”按钮，开始进行备份，如图11-26所示。

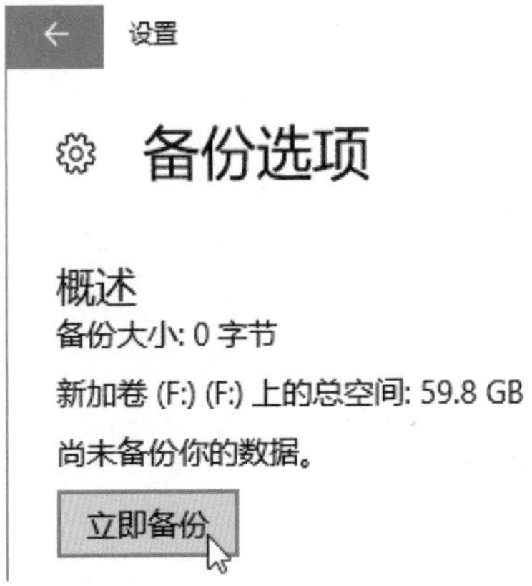
设置
备份选项
概述
备份大小: 0 字节
新加卷 (F:) (F:) 上的总空间: 59.8 GB
尚未备份你的数据。
立即备份

图 11-26

**步骤 07** 根据电脑中的内容，备份的时间也不同，完成后，可以查看备份信息，如图11-27所示。

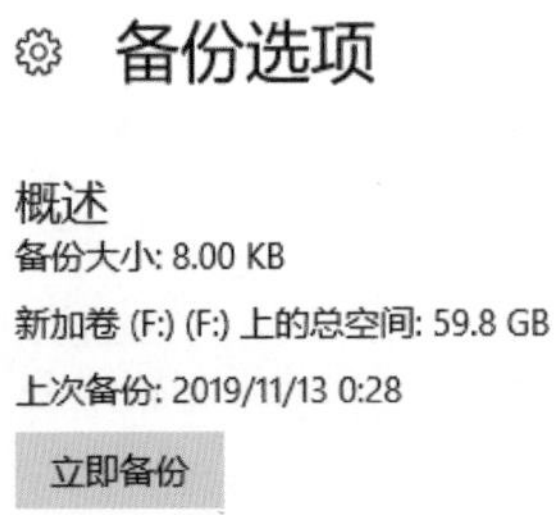
备份选项
概述
备份大小: 8.00 KB
新加卷 (F:) (F:) 上的总空间: 59.8 GB
上次备份: 2019/11/13 0:28
立即备份

图 11-27

## 11.2.2 启动还原

扫一扫 看视频

当系统出现了问题，可以使用还原功能进行还原。具体操作步骤如下。

**步骤 01** 进入备份选项设置界面，拖动滚动条到最底部，单击“从当前的备份还原文件”链接，如图11-28所示。

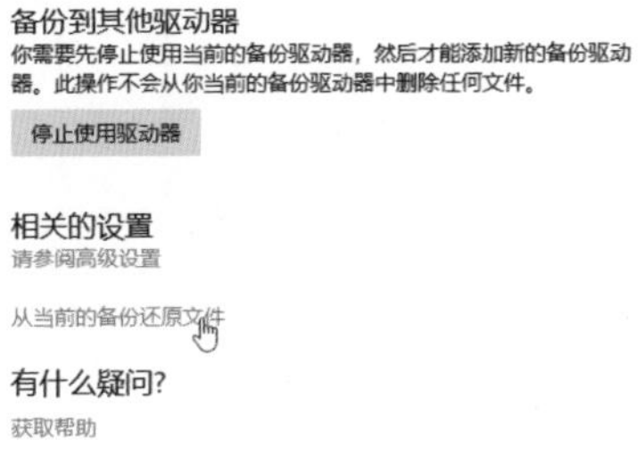
备份到其他驱动器
你需要先停止使用当前的备份驱动器，然后才能添加新的备份驱动器。此操作不会从你当前的备份驱动器中删除任何文件。
停止使用驱动器
相关的设置
请参阅高级设置
从当前的备份还原文件
有什么疑问?
获取帮助

图 11-28

**步骤 02** 在弹出的备份内容中，可以查看备份的文件夹，如图11-29所示。

3D 对象
OneDrive
保存的游戏
联系人
链接
视频
收藏夹
搜索
图片
文档
下载
音乐
桌面
保存的图片
本机照片
视频
图片
文档
音乐
19 个项目
选中 1 个项目

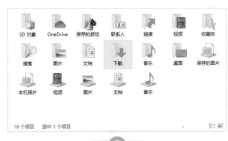

图 11-29

可以双击文件夹，查看有哪些文件做了备份，并可以预览，如图11-30所示。通过下面的前进和后退来查看对应备份的更改情况。最后选择需要还原的文件夹，单击"还原到原始位置"按钮，如图11-31所示，来进行还原。

图 11-32

图 11-30

图 11-33

完成后，关闭窗口即可。

在选择了驱动器并启动了备份功能后，系统会按照设置的时间进行自动备份。用户还可以设置备份的内容存放时间。

图 11-31

步骤 03 系统发现对应文件夹中有内容，并弹出提示，这里选择替换，如图11-32所示。

步骤 04 完成后，系统打开目录，用户可以进入文件夹进行浏览操作，如图11-33所示。

扩展阅读：
使用Windows 7备份还原功能

扩展阅读：
使用GHOST备份及还原系统

## 11.3 重置系统

扫一扫 看视频

当以上方法都无法解决问题，且没有备份的情况下，就需要考虑重装系统了。Windows 10有个强大的功能——重置系统。就像手机的恢复出厂设置一样。但是在Windows 10中，可以设置保留个人文件的功能。所以在无法排除问题，又不想或者不会重装的情况下，可以考虑下进行系统的重置。

**步骤 01** 在"设置"选项卡中，选择"恢复"选项，并单击右侧"开始"按钮，如图11-34所示。

图 11-34

**步骤 02** 系统弹出提示，保留哪些，用户自己进行选择，这里选择单击"删除所有内容"，如图11-35所示。

图 11-35

**步骤 03** 这里选择"仅限安装了Windows的驱动器"，如图11-36所示。

图 11-36

**步骤 04** 选择清理内容，选择"删除文件并清理驱动器"，如图11-37所示。

图 11-37

**步骤 05** 系统弹出确认信息，单击"重置"按钮，如图11-38所示。

图 11-38

**步骤 06** 系统初始化，如图11-39所示。其后会重启数次。

最后弹出类似刚装了系统的欢迎界面，开始新系统的设置工作。

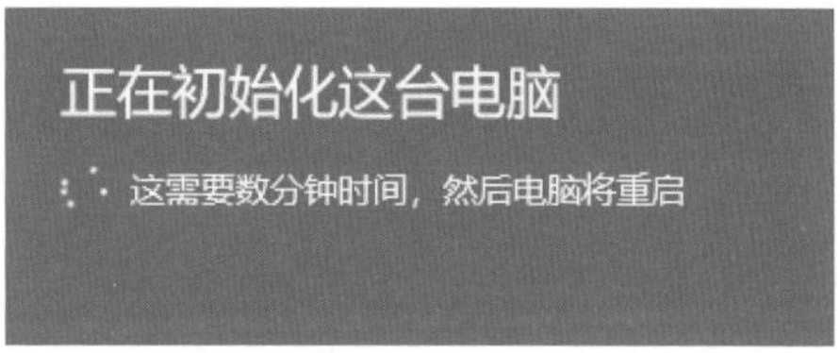

**正在初始化这台电脑**

这需要数分钟时间，然后电脑将重启

图 11-39

## 知识超链接　安装操作系统的技巧

前面讲解了安装操作系统的各种知识，此外，安装操作系统过程还有些技巧和注意事项。

（1）安装的系统版本

主流的 Windows 7 64位、Windows8 64位、Windows10 64位的数据盘及系统盘都可以使用 GPT 分区表，使用 UEFI 模式启动。其他版本的数据盘可以使用 GPT，系统盘不支持 GPT 分区。

（2）UEFI安装系统，必须用GPT分区表

因为 Windows 安装程序在 UEFI 模式下只识别 GPT 分区，可以在已经列出的合适的分区上安装 Windows。如果不是这种情况的话，删除之前全部的分区直到只剩下"未分配空间"的标签出现在硬盘分区选项里。

（3）分区的含义及作用

系统保留分区：EFI分区包含操作系统的核心文件，就像之前系统版本的 NTLDR、HAL、boot.txt 等文件，这都是启动操作系统所必需的。

MSR：微软系统恢复（MSR）分区是在每个硬盘分区里的给 Windows 内部使用的储存空间。

主分区：这是 Windows 和所有用户数据储存的通用分区，即系统分区。

（4）是否一定要先分区

先进行分区可以避免很多麻烦，而且可以随意分配磁盘空间。用户也可以使用 UEFI 方式引导安装文件，到选择安装位置时，删除硬盘的所有分区，使硬盘变成一整块未分配空间，然后重新进行分区，如图11-40所示。

图 11-40

（5）快速启动的系统对介质的要求

光盘：只需要注意一点，以 UEFI 方式启动电脑。

U盘、移动硬盘：存放安装文件的分区必须是FAT或者FAT32分区。UEFI不认识NTFS分区。

Windows8及以上系统原生支持UEFI。Windows7不一样，如果是U盘或移动硬盘安装，需要添加UEFI支持文件，否则不能以UEFI方式启动。

（6）如何以UEFI模式启动电脑

有些用户在安装时，会提示无法安装到这个磁盘，选中的磁盘采用了GPT分区形式。其最主要的原因是安装介质必须以UEFI模式启动电脑。

确保BIOS中打开UEFI模式，安装介质支持UEFI启动。

符合这两个条件时，启动菜单会出现以"UEFI"标识的U盘或移动硬盘启动项，才会"以UEFI方式启动电脑"。

# 维修篇

电脑组装与维修
一本通

## 学习目的与要求

电脑在使用过程中，难免会出现很多故障问题，送修或者是售后服务，当然是最稳妥的。但是也有一些常见的故障是普通用户也可以排除的。掌握一些电脑常见故障的判断、维修方法后，可以使今后使用电脑更加方便，并能按照自己的意愿进行改造。下面将用3章的篇幅分别介绍检测维修的知识，希望读者在学习后，对今后的使用和维修带来一定程度的帮助。

在进行本章的学习前，读者需要准备一些电脑维修的工具，可以顺便进行电脑的拆装及清灰工作。试着了解万用表以及一些网络检测工具的使用方法。

## 知识实操要点

- ◎ 电脑检测维修工具的准备
- ◎ 了解电脑的主要故障
- ◎ 对电脑进行一次清理工作
- ◎ 了解电脑故障的一般排查方法及思路
- ◎ 了解电脑的故障提示信息

第12章

# 常见故障
# 检测与维修

# 12.1 故障检测维修工具

工欲善其事，必先利其器。没有好的工具或者没有准备全，就无形中给检测维修增加了难度。有工具的辅助，检测维修也会顺利很多。

## 12.1.1 拆装工具

拆装工具是最常见的工具，用来进行电脑部件的拆卸和安装。

（1）螺丝刀

一般准备中号的十字螺丝刀即可，如图12-1所示。也可以配备上中小号的一字、十字花螺丝刀。

图 12-1

另外可以配备一个加磁的小工具，给螺丝刀上磁，可以起到吸起及固定螺钉的作用，如图12-2所示。

图 12-2

（2）尖嘴钳

用来拆卸一些老式机箱的支撑架、挡位架、难拆的各种固定件等，如图12-3所示。

图 12-3

（3）镊子

镊子的作用非常大，可以在空间狭小的地方拿取小零件，拆装电池，插拔跳线帽，插拔接线柱等，如图12-4所示。

图 12-4

（4）强光手电

机箱空间没有照明非常麻烦，这

种小巧的设备就解决了这个问题，如图12-5所示。

图 12-5

（5）零件收纳盒

在笔记本的拆装上用得比较多，为了防止各种小零件的丢失，建议用户配备一个，并养成分类放置的习惯，如图12-6所示。

图 12-6

### 12.1.2 清洁工具

电子设备本身就经常被灰尘和氧化所困扰，那么清洁工具就必不可少了。

（1）橡皮擦

主要应用在内存、显卡等具有金手指的部件，用于清除金手指上的氧化层，避免接触不良产生各种故障，

如图12-7所示。

图 12-7

（2）吹风机

用于大规模清除机箱灰尘，快速方便。另外，也可以对沾水的部件起到吹干的作用。如果清理灰尘，建议选择空旷场地使用，如图12-8所示。

图 12-8

（3）皮老虎

用于清洁一些其他工具无法到达，或者不能使用其他工具擦拭的地方，起到清理灰尘的作用，如图12-9所示。

图 12-9

（4）毛刷、棉签

用于清洁顽固的，无法通过气流处理的灰尘，如图12-10所示。

图 12-10

### 12.1.3 检测工具

电脑维修需要一些经验，也可以使用替换法。如果有一些常见的检测工具，排除故障会更加迅速。

（1）主板检测卡

有些主板自带DEBUG灯或者检测系统，和检测卡一样，反馈错误信息。建议配备一块。由于现在的PCI插槽已经淘汰，建议用户配备一块PCI-E的主板检测卡，如图12-11所示。

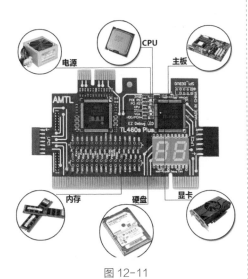

图 12-11

（2）电源检测仪

用于排除电源故障，测量电源的所有输出电压是否在安全范围内，否则报警，如图12-12所示。

图 12-12

（3）万用表

万用表可以检测电流、电压，电阻是否短路，是维修必备工具之一，如图12-13所示。

图 12-13

（4）综合检测设备

现在，市场上又出现了一种集成度比较高的多种设备的检测仪器，可以检测耳机、音箱、USB、PS2、VGA、网线、监控、电压、主板等设备，如图12-14所示。

图 12-14

### 12.1.4 维修工具

虽然现在的维修基本上以换件和售后为主，但具有一定水平的用户可以使用专业的维修工具对损坏的元器件进行更换，达到维修的目的。常用的工具如下。

（1）电烙铁

用于焊接元器件及导线。按机械结构可分为内热式电烙铁和外热式电烙铁，按功能可分为无吸锡电烙铁和吸锡式电烙铁，根据用途不同又分为大功率电烙铁和小功率电烙铁。当然，还需要焊锡丝以及助焊膏。如图12-15～图12-17所示。

图 12-15

图 12-16

图 12-17

图 12-18

（2）热风枪

利用发热电阻丝的枪芯吹出的热风来对元器件进行焊接与摘取的工具，如图12-18所示。热风枪在主板维修中使用非常广泛。热风枪主要由气泵、加热器、外壳、手柄、温度调节按钮、风速调节按钮等组成，焊接不同元器件需要用不同的温度和风速，如图12-19所示。

图 12-19

（3）吸锡器

用于将多余的焊锡排除，如图12-20所示。

图 12-20

### 12.1.5 其他工具

除了上面提到的常用工具外，还有一些常见的必备工具。

（1）启动U盘

可启动PE环境的U盘，可以使用PE中自带的多种工具进行内存检测、坏道检测、显示器检测、网络检测、排除系统故障等，如图12-21所示。

如果需要备份资料，移动硬盘也是必不可少的，如图12-22所示。

图 12-21

图 12-22

如果条件允许，准备一张系统光盘及外置的USB光驱，也可以在某些特殊场合发挥作用，如图12-23所示。

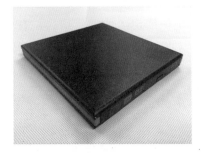

图 12-23

（2）网络套件

检测网络必备，如图12-24所示。

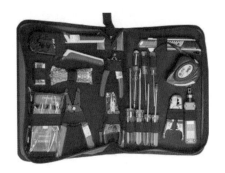

图 12-24

## 12.2 电脑故障的主要分类

电脑故障按照产生原因，分为硬件本身的故障以及操作系统等软件的故障。不同的故障需要不同的解决方法。故障本身也分为偶然产生的以及经常发生的两类。接下来介绍电脑故障的主要分类及主要表现形式。

### 12.2.1 硬件故障

电脑是由各种组件组成，这些组件由于损坏或者电气性能不良产生的故障都会使电脑不能正常工作。了解产生原因及表现形式，可以提前预防故障，并延长电脑的使用年限。

（1）供电引起的故障

供电故障包括电压过大、电流过大、电源连接错误、突然断电等。

电压或电流的突然增大，有极大可能对电脑硬件造成损害。比如短路、雷击等都会对包括电脑在内的各种家用电器造成损害，如图12-25所示。

图 12-25

家庭使用不稳定的大功率家用电器，也会改变线路中的电压及电流，不稳定的电压电流会对电脑中的各种元器件造成损害，所以在购买时一定要选择使用了优质元器件的主板、显卡等硬件设备。

要避免这种情况的发生，可以选用带有防雷击、防过载等功能的电源插座，如图12-26所示。

另外需要注意，尽量不要将电脑电源线接到大功率设备电路上，如空调、热水器等。

图 12-26

（2）过热产生的故障

除了灰尘外，热量是电脑的另外一个杀手。一旦某元器件发生故障，就会产生几倍甚至几十倍的热量，从而导致元器件损坏或者短路。

图 12-27

用户需要经常观察CPU、显卡、机箱风扇的运转是否正常，可以通过软件查看风扇转速。通过软件也可以直观地观察到传感器显示的温度。当发现转速下降或温度不正常升高，需要及时为风扇清理灰尘，重新涂抹散热硅脂，如图12-27所示。定期为机箱风扇添加机油，以防止轴承干涩停转，如图12-28所示。如果电脑仍然无故断电，而且比较频繁，用户需进行硬件

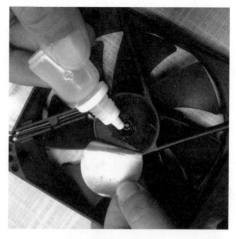

图 12-28

的检查，了解是否有硬件损坏。这种情况最常见的故障就是CPU过热导致电脑自动关机。

（3）灰尘产生的故障

灰尘可以说是电脑的第一号杀手。大量的灰尘使电路板上传输的电流发生变化，从而影响电脑性能。如果遇到潮湿的天气，小则引起氧化反应，接触不良，大则引起电路短路，烧坏元器件。所以经常为电脑清理一下灰尘，如图12-29所示，保持电脑周围清洁、干燥。

图 12-29

（4）静电故障

电脑工作时，会有大量电流通过，机箱容易带上静电，人也会自然地带有静电。电脑中的元器件对静电十分敏感，静电一般高达几万伏，在接触电脑部件的一瞬间，可能导致电脑部件被静电击穿。所以在接触电脑前，需要洗手去除人身体上的静电。电脑电源应该使用三相接地的插排。如果没有接地，可以使用钢丝将机箱与水管、墙体、地面相连，排除静电。有

条件的话，请配备防静电手套，如图12-30所示。

图 12-30

（5）安放操作不当引起的故障

非专业人员安装，最怕接错线或者暴力接线、直接插拔设备，这样容易使硬件损坏或者产生硬件故障。在安装前一定要做足功课，了解接口的接法。电脑摆放尽量水平，电脑中经常进行旋转的设备，如风扇、硬盘电机等会因旋转角度，造成噪声变大，影响使用寿命。

现在的电脑组件一般配备有防呆防插错设计，如图12-31所示，如果不是特别暴力，拆装，一般不会有问题。

图 12-31

（6）元器件损坏产生的故障

有些电脑为了降低成本，使用了劣质的元器件，经过一段时间的运行，会频繁出现故障。尤其在高温的环境中，会出现各种问题，如图12-32所示。希望用户在选购配件时，选择有资质的大型厂商的产品。

图 12-32

## (12.2.2) 软件故障

软件故障主要指电脑的操作系统或应用软件等产生的故障。具体包括了 Windows 系统错误、系统配置不当、病毒入侵、操作不当、兼容性错误等造成电脑不能正常工作的故障。

如使用盗版 Windows 安装程序、使用了兼容性差的 GHOST 系统、安装过程不正确或误操作造成的系统损坏、非法操作造成的系统文件丢失等 Windows 系统错误，如图12-33所示。该类错误可以采用重新安装操作系统或者使用操作系统提供的修复程序来进行修复。

使用了与当前系统不兼容的应用软件、与电脑硬件不兼容的应用软件、

图 12-33

程序本身的 bug、缺少运行环境等，该类故障需要用户结合应用软件使用环境来判断，是否需要更换软件版本，是否需要管理员权限，是否属于正版软件。结合杀毒软件与防火墙判断软件及文件是否含有病毒与木马程序，如图12-34所示，是否有黑客袭击，系统是否有漏洞等情况。

图 12-34

网络故障往往与网络配置及网络参数设置有关，如图12-35所示，用户可以在该方面进行核查。

图 12-35

# 12.3 电脑故障的检测方法及顺序

电脑产生故障后，不能着急，需要按照科学的方法进行处理，并按照一定的顺序进行检测，才能快速准确地找到故障点，并排除故障。

电脑故障的检测方法有很多种。

（1）观察法

观察，是维修判断过程中第一要法，它贯穿于整个维修过程中。观察不仅要认真，而且要全面。要观察的内容如下。

● 硬件环境：包括接插头、插座和插槽等；

● 软件环境；

● 用户操作的习惯、过程。

（2）最小系统法

最小系统就是从维修判断的角度能使电脑开机或运行的最基本的环境，由电源、CPU、主板和内存组成。在这个系统中，没有任何信号线的连接，只有电源到主板的电源连接。先判断在最基本的环境中，系统是否可以正常工作。如果不能正常工作，即可判定某些部件有故障，从而起到故障隔离的作用。

最小系统法与逐步添加法结合，能较快速地定位发生故障的部件或位置，提高维修的效率。

（3）逐步添加/去除法

逐步添加法，以最小系统为基础，每次只向系统添加一个部件或设备、软件，来检查故障现象是否消失或发生变化，以此来判断并定位故障部位。逐步去除法，正好与逐步添加法的操作相反。逐步添加或去除法要与替换法配合，才能较准确地定位故障部位。

（4）隔离法

将可能妨碍故障判断的硬件或软件屏蔽起来的一种判断方法。它也可用来将相互冲突的硬件、软件隔离开以判断故障是否发生变化，对于软件来说，停止其运行，或者是卸载；对于硬件来说，在设备管理器中，禁用或卸载其驱动。

（5）替换法

替换法是用好的部件去代替可能有故障的部件，以判断故障现象是否消失的一种维修方法。

最先考虑与怀疑有故障的部件相连接的连接线、信号线等，之后是替换怀疑有故障的部件，再然后是替换供电部件，最后是替换与之相关的其他部件。

（6）比较法

比较法与替换法类似，即用好的部件与怀疑有故障的部件进行外观、配置、运行现象等方面的比较，也可在两台电脑间进行比较，以判断故障电脑在环境设置、硬件配置方面的不同，从而找出故障部位。

（7）专业诊断法

使用专业工具可以直接诊断。如果可以进入系统，可以使用专用的软件对电脑软硬件进行测试，以判断稳定性和损坏程度。

扩展阅读：电脑故障的处理顺序及注意事项

## 12.4 电脑无法开机故障的处理

电脑开机黑屏或者无法正常启动操作系统是比较常见的故障，涉及了系统硬件和软件的故障。本节将统一讲解该类故障的表现以及原因等。

### 12.4.1 自检过程报错的含义以及解决方法

电脑开机后，BIOS会进行自检操作，如果发现问题，会弹出各种提示信息。下面介绍一些常见的提示代码信息。

（1）CMOS Battery Low

这里的代码可能有很多，如图12-36所示。

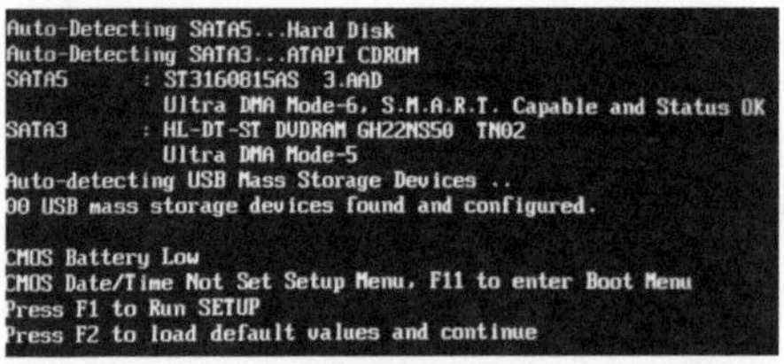

Auto-Detecting SATA5...Hard Disk
Auto-Detecting SATA3...ATAPI CDROM
SATA5 : ST3160815AS 3.AAD
Ultra DMA Mode-6, S.M.A.R.T. Capable and Status OK
SATA3 : HL-DT-ST DVDRAM GH22NS50 TN02
Ultra DMA Mode-5
Auto-detecting USB Mass Storage Devices ..
00 USB mass storage devices found and configured.
CMOS Battery Low
CMOS Date/Time Not Set Setup Menu, F11 to enter Boot Menu
Press F1 to Run SETUP
Press F2 to load default values and continue

图 12-36

该代码说明的是CMOS电池电量低，需要更换电池了。下句话的意思就是日期和时间没有设置。用户可以进入BIOS设置日期和时间。

（2）CMOS check sum error-Defaults loaded

代码如图12-37所示，CMOS执行全部检查时发现错误，要载入系统预设值。一般来说出现这句话就是说电池快没电了，可以先换个电池试试，如果问题还是没有解决，说明CMOS RAM可能有问题了。

Memory Frequency For DDR2 667 (Dual Channel Mode)
IDE Channel 0 Master : TSSTcorpDVD-ROM TS-H352D CM00
IDE Channel 0 Slave : Maxtor 6Y080L0 YAR41BW0
IDE Channel 2 Master : None
IDE Channel 2 Slave : None
IDE Channel 3 Master : None
IDE Channel 3 Slave : None
CMOS checksum error - Defaults loaded
Press F1 to continue, DEL to enter SETUP
09/28/2009-G31_ICH7-6A790S27C-00

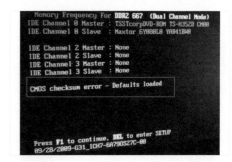

图 12-37

（3）Press ESC to skip memory test

正在进行内存检查，可按ESC键

跳过。这是因为在CMOS内没有设定跳过存储器的第二、三、四次测试，开机就会执行四次内存测试，当然也可以按ESC键结束内存检查，不过每次都要这样太麻烦了，用户进入CMOS设置后选择BIOS FEATURS SETUP，将其中的Quick Power On Self Test设为Enabled，存储后重新启动即可。

（4）Keyboard error or no keyboard present

故障如图12-38所示，键盘错误或者未接键盘。检查一下键盘的连线是否松动或者损坏。

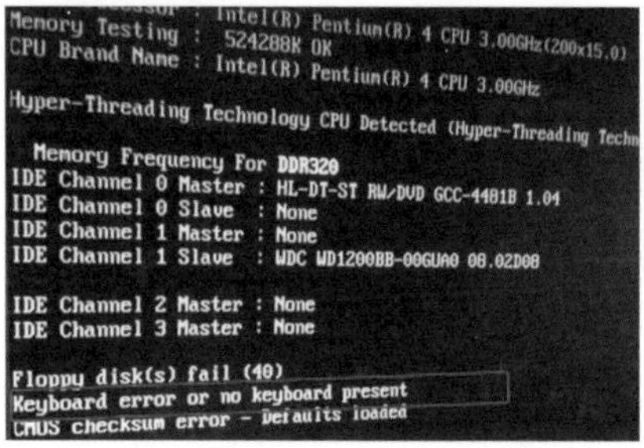

图 12-38

（5）Hard disk install failure

硬盘安装失败。这是因为硬盘的电源线或数据线可能未接好或者硬盘跳线设置不当。用户可以检查一下硬盘的各连接线是否插好。

（6）Hard disk（s）diagnosis fail

执行硬盘诊断时发生错误。出现这个问题一般是说硬盘本身出现故障了，可以将硬盘放到另一台电脑上试一试。如果问题还是没有解决，只能维修了。

（7）Memory test fail

内存检测失败。重新插拔一下内存条。出现这种问题一般是因为内存条互相不兼容，需要进行更换。

（8）Override enable-Defaults loaded

当前CMOS设定无法启动系统，载入BIOS中的预设值以便启动系统。一般是CMOS内的设定出现错误，只要进入CMOS设置选择LOAD SETUP DEFAULTS载入系统原来的设定值，然后重新启动即可。

（9）Press TAB to show POST screen

代码如图12-39所示，提示按TAB键可以切换屏幕显示。OEM厂商会以自己设计的画面来取代BIOS预设的开机显示画面，可以按TAB键行切换。

图 12-39

（10）Reboot and Select prorer Boot device

代码如图12-40所示，含义是找不到启动设备了。可以进入BIOS，查看是否可以看到硬盘。如果看不到，需要检查硬件的连接情况。如果可以看到，可以进入PE，查看是不是硬盘分区表有问题，可以使用DG进行分区表修复，并使用其他工具进行系统引导的修复。

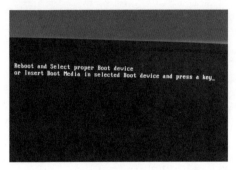

图 12-40

（11）Invalid Partition Table

代码如图12-41所示，无效磁盘分区，硬盘不能启动。该代码说明，当前启动的磁盘中的分区表有问题，一般是MBR分区表会报错。有时也会被恶意利用来锁定硬盘，并向用户诈诈金钱进行解锁。解决方法就是进入PE环境，并使用DG工具查找所有分区信息，保存找到的分区信息，重建MBR表，并修复引导即可。

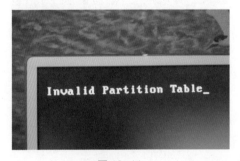

图 12-41

（12）CPU Fan Error！

代码如图12-42所示，CPU风扇报错，说明在自检时，没有检测到CPU风扇转速。

图 12-42

打开机箱，检查风扇是否工作正常，连接的接口是否是CPU风扇接口。如果没有问题，恢复CMOS的默认设置。如果确定是风扇问题，应及时更换风扇。如果仍不行，在确保CPU散热没问题的情况，关闭检测即可。

（13）BOOTMGR is missing

代码如图12-43所示，这种启动故障产生的原因，或许是由于Bootmgr文件确实丢失了，这是最为常见的；还有一种可能则是由于磁盘错误导致的。如果是Bootmgr文件丢失，可采用重建Windows引导文件的方法来解决问题即可。依次执行以下两条命令：

图 12-43

C:

bcdboot C:windows /s C:

接着重启系统。然后选择第一个Win7菜单选项，经过一番初始化操作，就可以正常地使用Win7系统了。

如果经过以上步骤仍然不能解决问题，那么故障就很可能是由于磁盘错误所引起的了，此时可尝试在WinPE环境中运行一下chkdsk /f命令，故障就可以得到很好的解决。

另外，用户也可以进入PE，使用引导修复尝试进行修复。

（14）BOOTMGR is compressed

故障代码如图12-44所示。故障是由对系统盘进行了压缩所造成的。用WinPE启动系统，运行其自带的命令提示符工具并依次执行以下命令：

图 12-44

c:

cd windows\system32

compact /u /a /f /i /s c:*

执行完上述DOS命令后，命令提示符工具就会开始C盘文件的完全解

压操作，然后重启系统，即可正常登录Win7系统了。用户也可以使用引导修复工具尝试进行修复。

### 12.4.2 DEBUG灯含义

有些主板有DEBUG灯，可以直观地看到哪个部件未检测通过，然后通过替换法或者经过处理以解决问题。

（1）主板DEBUG LED

前文介绍主板时，介绍了DEBUG灯，也就是调试指示灯，如图12-45所示。

图 12-45

可以看到，上面有BOOT、VGA、DRAM、CPU，分别代表了启动、显卡、内存、CPU。哪个环节出现问题后，对应的灯就会长亮，以提示用户该部件出现了问题，检测出现问题的部件即可，非常方便。一般是从CPU往BOOT方向进行检测。

（2）常见的DEBUG代码

有些主板自带DEBUG数字显示，如图12-46所示，用户也可以使用检测卡进行检测。常见的代码含义及问题有哪些呢？

图 12-46

① 错误代码：00（FF） 主板没有正常自检。

原因可能是主板或CPU没有正常工作。可首先将电脑上除CPU外的所有部件全部取下，并检查主板电压、倍频和外频设置是否正确，然后再对CMOS进行放电处理，再开机检测故障是否排除。如故障依旧，还可将CPU从主板上的插座上取下，仔细清理插座及其周围的灰尘，然后再将CPU安装好，开机测试。如果故障依旧，则建议更换CPU测试。另外，主板BIOS损坏也可造成这种现象，必要时可刷新主板BIOS后再试。

② 错误代码：01 说明CPU本身没有通过测试，这时应检查CPU相关设备。如对CPU进行过超频，请将CPU的频率还原至默认频率，并检查CPU电压、外频和倍频是否设置正确。如一切正常而故障依旧，则可考虑更换CPU再试。

③ 错误代码：C1至C5 一般表示系统中的内存存在故障。可首先对内存进行除尘、清洁等工作，可尝试用柔软的橡皮擦清洁金手指部分，直

到金手指重新出现金属光泽为止，然后清理掉内存槽里的杂物，并检查内存槽内的金属弹片是否有变形、断裂或氧化生锈现象。开机测试后如故障依旧，可更换内存再试。

④ 错误代码：0D 一般表示显卡检测未通过。这时应检查显卡与主板的连接是否正常，如发现显卡松动等现象，应及时将其重新插入插槽中。如显卡与主板的接触没有问题，则可取下显卡清理其上的灰尘，并清洁显卡的金手指部分，再插到主板上测试。如故障依旧，则可更换显卡测试。

⑤ 错误代码：0D至0F CMOS停开寄存器读/写测试。

检查CMOS芯片、电池及周围电路部分，可先更换CMOS电池，再用小棉球蘸无水酒精清洗CMOS的引脚及其电路部分，然后开机检查问题是否解决。

### 12.4.3 蜂鸣警报含义

有些主板自带小型蜂鸣器，如图12-47所示，用于报警提示。用户也可以自己购买，如图12-48所示，并接入主板的SPEAKER接线柱中，有利于对电脑故障进行排除。

图 12-47

图 12-48

常见的报警声及含义如下所示。

● 1短：系统正常启动。表明机器没有任何问题。

● 2短：进入CMOS Setup，重新设置不正确的选项。

● 1长1短：RAM或主板出错。换一条内存试试，若还是不行只好更换主板。

● 1长2短：显示器或显示卡错误。

● 1长3短：键盘控制器错误。检查主板。

● 1长9短：主板FlashRAM或EP-ROM错误，BIOS损坏。换块FlashRAM试试。

● 不断地响（长声）：内存条未插紧或损坏。重插内存条，若还是不行，只有更换内存条。

● 不停地响：电源、显示器未和显示卡连接好。检查一下所有的插头。

● 重复短响：电源问题。

● 无声音无显示：电源问题。

扩展阅读：
开机黑屏常见的处理方式

### 知识超链接　　蓝屏常见故障解析

蓝屏故障是较常见的故障，正在使用，突然卡顿，或者进入操作系统，或者关闭时，都可能会有蓝屏出现。

（1）虚拟内存不足造成系统多任务运算错误

虚拟内存是系统解决资源不足的方法。如果不足，则无法正常接收系统数据，从而导致虚拟内存因硬盘空间不足而出现运算错误，出现蓝屏故障。

用户需要经常关注系统盘剩余空间的大小，如果出现过小的问题，则应清理空间、删除临时文件，手动配置虚拟内存空间到其他足够容量的分区。

（2）CPU超频过度导致蓝屏

超频过度是导致蓝屏的一个主要硬件问题。如果既想超频，又不想出现蓝屏，必须做好散热措施。

（3）内存条问题导致蓝屏

最常见的蓝屏现象就是内存条接触不良。可尝试打开电脑机箱，将内存条拔出，清理插槽及内存条金手指后再装回去。如果问题没解决，确定是内存故障，更换内存条。

（4）系统硬件冲突导致蓝屏

硬件冲突产生蓝屏的原因和解决方法和死机情况相同。

（5）加载程序过多导致蓝屏

查看启动项，取消不需要的启动内容，以免使系统资源耗尽而蓝屏。

（6）应用程序错误出现蓝屏

应用程序本身存在问题，在运行时与Windows发生冲突或者争夺资源。解决方法是使用正版软件及操作系统。

（7）遇到病毒或者木马破坏

一些病毒木马感染系统文件，造成系统文件错误，或导致系统资源耗尽，也可能造成蓝屏现象的发生。建议重新启动电脑，进入安全模式杀毒。

（8）版本冲突导致蓝屏

在安装软件时，将旧版本的DLL覆盖了原先新的DLL文件，或者删除程序时，删除了DLL文件，其他程序在调用该文件，获取了错误的数据，造成了运算不正确而蓝屏。用户可以找到错误的DLL文件，手动安装正确的。

（9）注册表引起的蓝屏

注册表保存着Windows的硬件配置、应用程序设置、用户数据等重要资料。Windows会在运行时随时调用注册表数据。如果注册表文件出现错误或者损坏，就会出现蓝屏故障。用户需要及时对注册表进行检测、修复，解决蓝屏故障。

（10）软硬件不兼容导致蓝屏故障

安装了新的硬件后出现蓝屏，可以尝试对老BIOS进行版本更新。错误安装或更新驱动后导致电脑蓝屏故障也是主要原因之一。

用户在安全模式，把相应驱动删除干净，重新安装或换一个版本的驱动。

第13章

硬件故障
分析及
维修实例

**学习目的与要求**

上一章针对电脑的维修工具、电脑软硬件故障排除的思路进行了总体的分析，并介绍了判断电脑开机故障的一些常用方法。本章将就常用的组件、常见的故障，分析故障原因、处理思路并进行故障的维修。需要记住的是，电脑是一个整体，出现问题的原因可能涉及多个组件，所以在排查时需要特别耐心。

有条件的读者可以准备一些有故障或者比较老的电脑部件，结合上一章的知识，进行故障排查，再结合本章针对部件维修知识的介绍，试着修复一些常见的电脑组件的故障。

**知识实操要点**

- ◎ CPU 常见故障的排查
- ◎ 主板常见故障的修复
- ◎ 内存、硬盘常见故障的修复
- ◎ 显卡常见故障的修复
- ◎ 电源及显示器常见故障表现

# 13.1 CPU常见故障及维修

虽然说CPU产生故障的概率在整个电脑故障中算是比较小的。但是随着超频的普及，故障概率反而大了。接下来介绍CPU的常见故障及维修方法。

## 13.1.1 CPU故障现象及检测流程

CPU这个电脑的"大脑"如果出现了问题，要么开不了机，要么在运行中出现各种匪夷所思的问题。

（1）CPU常见故障现象

CPU在出现问题后，特征还是比较明显的。

① 加电后系统没有任何反应，也就是经常所说的主机点不亮。

② 电脑频繁死机，即使在BIOS或DOS下也会出现死机的情况。这种情况在其他配件出现问题之后也会出现，可以利用排除法查找故障出处。

③ 电脑不断重启，特别是开机不久便连续出现重启的现象。

④ 不定时蓝屏。

⑤ 电脑性能下降，下降的程度甚至相当大。

（2）CPU故障的检测顺序

大部分用户可以按照如下步骤进行检测。

① 检测CPU能否开机。

② 如果不能开机，则需要检查CPU是否插好，如果没有插好，只要重新安装CPU即可。

③ 如果已经插好，则检查CPU工作电压是否正常，如果电压正常，则问题出在CPU本身，用户可以继续使用替换法进行检查。

④ 如果工作电压不正常，则应从电源本身进行检查。

⑤ 如果CPU可以开机，则测试CPU本身是否存在死机故障。

⑥ 如果存在死机故障，首先查看CPU风扇是否工作正常，如果不正常，则检查风扇供电并检查风扇是否损坏。

⑦ 如果CPU风扇工作正常，则检查BIOS，看CPU是否进行了超频。

⑧ 如果没有超频，则问题可能出现在其他部件上。

⑨ 如果进行了超频，则需要将CPU参数恢复到出厂值。

## 13.1.2 CPU常见故障原因

CPU有一些常见故障，下面简单介绍故障现象以及产生原因。

（1）散热系统不正常引起的故障

当CPU的散热不良时，会造成CPU温度过高，一般都会造成主机故障。故障主要表现有：死机、黑屏、机器变慢、在命令提示符界面死机、主机反复重启等。产生原因如下。

① CPU风扇安装不当造成风扇与CPU接触不够紧密，而使CPU散热不良。解决方法：在CPU上涂抹薄薄一层散热膏后，正确安装CPU风扇。

② 主机里面的灰尘过多。解决方法：将CPU风扇卸下，用毛笔或软毛的刷子将灰尘清除。

③ CPU风扇的功率不够大或老化。解决方法：更换CPU风扇。

④ 环境温度太高，无法将产生的热量及时散去。解决方法：更换为先进散热系统。

（2）超频不当造成的故障

一般超频后的CPU在性能上有一定提升，但是对电脑稳定性和CPU的使用寿命都是不利的。超频后，如果散热条件达不到需要的标准，将出现无法开机、死机、无法进入系统、经常蓝屏等情况。

在发生该问题时，可以提高散热条件、提高CPU工作电压，以提高稳定性。如果故障依旧，建议普通用户恢复CPU默认工作频率。

（3）设置不当引起的故障

如果将温度警戒值设置得过低，稍微使用一阵子，就会产生死机、黑屏、重启等故障。而如果设置得过高，万一散热器或者传感器出现故障，CPU瞬时发热量过大，很容易造成CPU的烧毁。

（4）物理故障

在运输过程及安装过程中，特别需要注意CPU的完好性。在检查时，不仅要检查CPU与插槽之间是否连接通畅，而且要注意CPU底座是否有损坏或安装不牢固。

尤其要注意针脚，不管是在CPU还是在主板插槽上，安装触碰时，都需要小心。一旦弯曲了，掰直是非常花费工夫和影响CPU的安全及性能的。

另外，还要查看散热器与CPU之间是否紧密连接，硅脂涂抹是否规范，有没有接触不良或者短路的情况发生。

## 13.1.3 CPU故障实例分析

（1）不断重启

机器开机之后只能正常工作40分钟，然后便是重新启动，随着使用时间越来越长，重启的频率越来越高。

CPU产生的热量不能及时地散发出去，会发生由于温度过高而出现频繁死机的现象。一般情况下，如果主机工作一段时间后出现频繁死机的现象，首先要检查CPU的散热情况。

（2）导热硅脂造成CPU温度升高

要让CPU更好地散热，在芯片表面和散热片之间涂了很多硅脂，但是CPU的温度没有下降，反而升高了。

硅脂是用来提升散热效果的，正确的方法是在CPU芯片表面薄薄地涂上一层，基本能覆盖芯片即可，如图13-1所示。也可以采用网上的一点法，或者五点法都可以。涂多了反而不利于热量传导，而且硅脂容易吸收灰尘，硅脂和灰尘的混合物会大大地影响散热效果。

图 13-1

### （3）玩游戏死机

电脑启动后，运行半个小时死机，启动后运行较大游软件死机。这种有规律性的死机一般与CPU的温度有关。

打开机箱侧板后开机，发现装在CPU散热器上的风扇转速时快时慢，叶片上还沾满了灰尘。关机取下散热器，用机油在上下轴承各滴一滴，然后用手转动几下，擦去多余的机油并重新粘好贴纸，把风扇装回到散热器，再重新装到CPU上面。启动电脑后发现转速明显快了许多，而噪声也小了许多，系统运行稳定，故障排除。

### （4）超频无法开机

超频后，无法正常开机。过度超频之后，电脑启动可能出现散热风扇转动正常，而硬盘灯只亮了一下，便没了反应，显示器也维持待机状态的故障。由于此时已不能进入BIOS设置选项，因此也就无法给CPU降频。这样就必须恢复BIOS默认设置。

打开机箱，并在主板上找到给CMOS放电的跳线（一般都安装在纽扣电池的附近）。将其设置在CMOS放电位置或者把电池抠掉，稍等几分钟，再将跳线或电池复位并重启电脑即可。

现在较新的主板大多具有超频失败的专用恢复功能。而一些更为先进的主板，还可在超频失败后主动"自动恢复"CPU的默认运行频率。因此，对于热衷超频而又缺乏实际操作经验的普通读者来说，选择带有逐兆超频、超频失败自动恢复等人性化的主板会使超频变得异常简单轻松。

### （5）经常蓝屏

CPU超频后，在Windows操作系统中经常出现蓝屏现象，无法正常关闭程序，只能重启电脑。蓝屏现象一般是CPU在执行比较繁重的任务时出现，如进行大型3D游戏，处理运算量非常大的图形和影像等，并不是CPU的负荷一大就会出现蓝屏。

首先应检查CPU的表面温度和散热风扇的转速，并检查风扇和CPU的接触是否良好。如果仍不能达到散热要求，就需要更换大功率的散热风扇，甚至是冷却设备。若还是不行，将CPU的频率恢复到正常，通常就可以解决问题。

## 13.2 主板的常见故障及维修

主板如果出现问题，除了更换就只能进行芯片级别的维修了。接下来介绍主板的常见故障及维修实例。

## 13.2.1 主板的故障现象及检测流程

因为主板是整个电脑系统的中枢神经，出现问题也有很多表现形式。

（1）主板故障主要现象

● 电脑无法开机；

● 电脑经常死机；

● 电脑经常蓝屏；

● 电脑无故重启。

（2）主板故障检测流程

因为主板的电子元器件比较多，检测流程也相对较烦琐。

① 检查主板外观，有无短路、断路、烧焦，电容有无爆浆、鼓起、松动等。如果发现元器件有问题，则直接更换对应元器件或者主板。

② 如果主板外观没有问题，则检查电源插座有无短路，如果有则需要检查主板供电电路。

③ 插入电源，并试着点亮主板尝试开机。如果不能开机，则检查：

● CPU 电压对地阻值有无短路；

● CMOS 跳线有无跳错；

● 晶振有无损坏；

● PS-ON 信号连线是否损坏；

● I/O 和芯片供电是否正常；

● POWERON 到芯片电路或 I/O 连线是否正常。

④ 如果可以开机，则测量主板元器件有无发热元器件。如果有，检查散热是否正常，修复因散热造成的故障。

⑤ 测量 CPU 供电输出是否正常：

● 测量三极管有无损坏；

● 测量电源芯片有无工作电压；

● 测量三极管与芯片之间连接是否正常。

⑥ 测量时钟信号是否正常：

● 时钟芯片是否工作正常；

● 晶振是否有波形。

⑦ 测量有无复位信号并修复：

● 测量 RESET 排针电压；

● 测量时钟芯片有无时钟输出；

● 测量排针与门电路或南桥的连线；

● 测量芯片组是否损坏。

⑧ 查看是否可以启动到系统界面，如果不能，则排查：

● 芯片组供电；

● BIOS；

● 芯片组旁电阻、排阻；

● 时钟发生器；

● I/O 是否不良。

## 13.2.2 主板常见故障原因及判断方法

上面的检测流程需要用户有一定的电子基础知识和识别电路能力。对普通用户而言，可以了解下主板故障原因，如果确定是主板问题，可以送修或者更换。

（1）常见故障原因

● 主板驱动程序有 bug；

● 主板元器件接触不良；

● 主板元器件短路或者损坏；

● CMOS 电池没电；

● 主板兼容性较差；

● 主板芯片组散热出现问题；

● 主板BIOS损坏。

（2）通过诊断卡判断

用户除了可以使用下面的方法外，可以采用上一章提到的主板检测卡及报警器，配合进行故障的判断。

● BIOS灯：BIOS运行灯，正常工作时应不停闪动；

● CLK灯：时钟灯，正常为常亮；

● OSC灯：基准时钟灯，正常为常亮；

● RESET灯：复位灯，正常为开机瞬间闪一下，然后熄灭；

● RUN灯：工作时应不停闪动；

● +13V、-13V、+5V、+3.3V灯正常常亮。

（3）主板驱动造成故障

因为误操作、病毒等原因，会造成主板芯片组等功能芯片的驱动丢失。用户可以在"设备管理器"中，查看是否有未识别的硬件，并通过重新安装驱动的方法解决驱动故障。一般情况下，所有设备的驱动都可以安装上，说明主板工作正常，发生故障的可能是其他硬件。

（4）CMOS造成的故障

故障主要集中在电池部分上。如果纽扣电池没电，很容易造成BIOS的设置信息无法保存，开机后找不到硬盘、时间不对等故障。解决方法是检查主板CMOS跳线是否为清除模式，如果是的话，需要将跳线设置为正常模式，然后重新设置BIOS信息。如果不会跳线，可以查看主板的跳线说明。

如果不是CMOS跳线错误，很有可能是因为主板电池损坏或者电池电压不足造成，用户更换电池后再进行测试。

（5）散热故障

主板正常工作时，芯片组会发出大量热量，如果散热系统不好，会造成系统状态不稳定，发生随机死机的现象。

用户可以通过清洁机箱、增加机箱风扇、清除主板灰尘、更换芯片散热片、重新涂抹硅脂等措施提升散热效果。

（6）传感器故障

主板本身正常的保护性策略在其他因素的影响下误判断，造成无谓的故障。如由于灰尘较多，造成主板上的传感器热敏电阻故障，对正常的温度造成高温报警信息，从而引发了保护性故障。

（7）主板维修思路

① 先弄清主板发生故障的情况，在什么状态下发生了故障，或者添加、去除了哪些设备后发生了故障。

② 通过倾听主板报警声的提示，判断故障。如果CPU未能工作，则检查CPU的供电电源。

③ 可以借助放大镜、强光手电，对主板上的元器件进行仔细排查。虽然比较烦琐，但这是主板维修比较重要的一步。

④ 维修主板前，需要对主板进行清理，除去主板上的灰尘、异物等容易造成故障的情况。清理时一定要去除静电，并使用油漆刷、毛笔、皮老

虎、电吹风等设备仔细进行清理，尽量避免二次损害的发生。

⑤ 清理接口，可以排除接触不良造成的故障。一定要在切断电源的情况下进行，可以使用无水酒精、橡皮擦除去接口的金属氧化物。

⑥ 使用最小系统法进行检修。主板只安装CPU、风扇、显卡、内存，然后短接主板上的电源启动按钮插针，启动电脑。查看能否开机，再添加其他设备进行测试。

### 13.2.3 主板故障实例分析

**（1）开机报警**

主板不启动，开机无显示，有长报警声。

开机报警很多是内存的问题，除了清理内存的金手指外，还应清理下主板上的内存插槽。

**（2）无法开机**

开机无显示，无报警声。

原因有很多，主要有以下几种。针对以下原因，逐一排除。要求熟悉数字电路、模拟电路，会使用万用表，有时还需要借助DEBUG卡检查。

- 主板扩展槽或扩展卡有问题；
- 主板BIOS被破坏；
- CMOS使用的电池有问题；
- 主板自动保护锁定；
- 主板上的电容损坏。

**（3）CMOS故障**

CMOS设置无法保存，系统频繁死机或重启。

此类故障一般是由于主板电池电压不足造成，对此予以更换电池即可，但有的主板更换电池后同样不能解决问题。

主板电路问题，进行专业级别维修。

主板CMOS跳线问题，有时候因为错误地将主板上的CMOS跳线设为清除选项，或者设置成外接电池，使得CMOS数据无法保存。用户可以将跳线设置为普通模式，再进行CMOS设置即可。

**（4）安装故障**

启动电脑后，正常运行1分钟左右，就会死机。

根据现象分析，造成故障的原因主要有：

- 主板出现问题；
- 电源出现问题；
- 机箱开关跳线出现故障。

检查电源，发现电源有过压保护、短路保护、防雷击等智能技术，坏的可能性较小。

检查主板，拆下主板换到另一台电脑，运行正常。

检查机箱开关以及跳线，没有发现问题。

经过仔细观察，发现在主板与机箱之间有几个小铜柱，是将主板固定在机箱上的零件。铜柱可以将主板垫高，避免主板直接接触机箱造成短路。而本例中的主板和机箱间少了一根，造成了短路。

（5）散热造成故障

电脑频繁死机，在进行BIOS设置时，也会死机。

有可能是主板散热不良，也有可能是主板缓存有问题。

如果因为主板散热不够好而导致该故障，可以在死机后，触摸CPU周围元器件，发现非常烫手，更换大功率风扇后，死机现象即可解决。

如果是缓存出现问题，可以进入BIOS设置，将缓存禁用后即可。当然，禁用缓存对电脑速度有影响。

如果仍然出现问题，那就是主板或CPU有问题了，可以使用排除法进行排查，更换主板也可以。

##  13.3 内存的常见故障及维修

内存故障非常常见，现象就是开不了机、黑屏、无显示。如果有报警，则可以得到内存的报错信息。内存的故障排除起来还是非常简单的。

### 13.3.1 内存的故障现象及检测流程

内存是电脑的临时存储设备，负责临时数据的高速读取与存储，也是最小化系统必不可少的部分。

（1）内存故障的表现形式

● 开机无显示，主板报警。

● 系统运行不稳定，经常产生非法错误。

● 注册表无故损坏，提示用户进行恢复。

● Windows从安全模式启动。

● 随机性死机。

● 运行软件时，会提示内存不足。

● 系统莫名其妙自动重启。

● 系统经常随机性蓝屏。

（2）内存的检测流程

将内存插入内存插槽启动电源。

如果不能开机，则首先检查内存是否插好，最好重新安装内存。

如果已经插好，则检查内存供电是否正常。如果没有电压，首先排查机箱电源故障。

如果电源正常，则检查内存芯片是否损坏，如果损坏，请直接更换内存条。

如果内存芯片完好，那么有可能是内存和主板不兼容，建议使用替换法进行排查。

如果可以开机，那么可以通过系统自检查看问题。

如果自检不正常，首先检查内存的大小与主板支持的大小是否有冲突。

如果没有冲突，要考虑内存与主板不兼容的情况。如果超出了主板支持的大小，那么只能更换内存或者主板。

如果自检正常，那么查看使用时是否有异常，在异常的情况下，内存发热是否过大。

如果是发热量过大，需要更进一步查看是否超频，是否散热系统有问题。

## 13.3.2 内存常见故障原因及诊断方法

内存故障可以用许多常用的方法诊断出来。

（1）内存常见故障原因

● 内存颗粒质量引起故障。

● 内存与主板插槽接触不良。

● 内存与主板不兼容。

● 内存电压过高造成。

● CMOS设置不当造成故障。

● 内存损坏造成故障。

● 超频带来的内存工作不正常

（2）通过主板报警诊断

内存故障开不了机，会有报警提示。

① Award BIOS：

● 一直长鸣：内存条未插紧；

● 一长一短：内存或者主板故障。

② AMI BIOS：

● 一短：内存刷新故障；

● 两短：内存ECC效验错误；

● 一长三短：内存错误。

（3）通过主板诊断卡进行诊断

一般情况下，C开头或者D开头的故障代码大都代表了内存出现问题，

如图13-2所示。

图 13-2

（4）观察外观

观察法是发现物理故障最有效、最快捷的方法。

观察内存上是否有焦黑、发绿等现象，如图13-3所示。

图 13-3

观察内存表面内存颗粒及控制芯片是否有缺损或者异物。

观察金手指是否有氧化现象。

（5）金手指氧化故障

内存接触不良，最主要的原因就是金手指氧化、内存插槽有异物、损坏。内存接触不良，最主要的表现就是系统黑屏现象。处理方式就是清除异物、对金手指的氧化部分进行处理。

● 用橡皮擦轻轻擦拭金手指。

● 用铅笔对氧化部分进行处理，

提高导电性能。

● 用棉球蘸无水酒精擦拭金手指，但是要等酒精挥发完毕再进行安装。

● 使用毛刷及吹风机清理内存插槽。

（6）超频故障

使用超频软件或者手动调整内存时序或者频率后，会使内存工作不正常，导致黑屏、死机、速度变慢等故障。用户在遇到该问题时，可以进入BIOS内，查看内存的参数是否被更改，如图13-4所示，可以恢复到默认值。

图13-4

（7）内存兼容性

内存兼容性问题主要出现在更换或添加硬件之后发生。可以使用替换法进行测试。可以使用内存替换或者使用硬件替换。

如高频率的内存安装在不支持此频率的主板上，而产生系统自动进入安全模式的故障。所以用户在更换主板或者内存时，一定要查看主板支持的内存频率。

内存之间的不兼容：这种情况发生在用户采用了几种不同芯片的内存，内存条之间的参数不同，从而导致系统经常发生死机现象。此种情况，用户可以在BIOS中降低内存工作频率。

### 13.3.3 内存故障实例分析

（1）非法错误

安装Windows进行到系统配置时产生一个非法错误，一般是由内存条损坏引起。

先用毛刷清扫或者用皮老虎清除灰尘和异物，用橡皮擦清理金手指部分，或者更换内存插槽。用户可以使用替换法进行测试。如果仍然不行，只能更换内存条。

（2）接触不良

有时打开电脑电源后显示器无显示，并且听到持续的蜂鸣声。有的电脑会表现为一直重启。

此类故障一般是由于内存条和主板内存槽接触不良所引起的。

拆下内存，用橡皮擦来回擦拭金手指部位，然后重新插到主板上。如果多次擦拭内存条上的金手指并更换了内存槽，但是故障仍不能排除，则可能是内存损坏，此时可以另外找一条内存来测试，或者将本机上的内存换到其他电脑上测试。

（3）死机

一台正常运行的电脑上突然提示"内存不可读"，然后是一串英文提示信息。这种问题经常出现，而且出现的时间没有规律，只是天气较热时出现此故障的概率较大。

由于系统已经提示了"内存不可读"，所以可以先从内存方面来寻找解决问题的办法。天气热时该故障出现的概率较大，一般是由于内存条过热而导致系统工作不稳定。对于该问题，可以自己动手加装机箱风扇，加强机箱内的空气流通，还可以给内存加装铝制或者铜制的散热片来解决故障。

（4）兼容性故障

一台电脑升级后，加装了一条4GB DDR4 1600内存，使电脑内存变成8GB，但是开机自检时，显示容量为4GB，偶尔为8GB。

可能为两条内存不兼容所致，查看内存后，发现两条内存品牌不同，做工有很大差异。把每根内存条单独放置在电脑中，启动后，发现容量都为4GB，说明内存本身没有问题，但一起插上仍显示4GB，更换内存插槽后，故障依旧存在。更换了一条和原内存相同的内存条后，故障排除，系统显示8GB。

（5）玩游戏时频繁死机

新组装的电脑，内存为8GB DDR4 1600。启动时没有问题，但工作时间长了或者是玩大型游戏时会死机。

由于电脑是新装的，可以排除软件方面的故障。会造成此故障的主要因素有：CPU过热、硬件不兼容、电源出现问题。

打开机箱，运行大型游戏，当死机时，用手触摸CPU散热片，发现温度不高。用替换法检查内存、显卡、CPU、主板等部件，发现工作都是正常的，但是在检测CPU时，发现内存表面的温度很高。因为CPU的发热量相对较高，所以使用了大功率散热器。但散热器的出风口正好对着内存，使内存在工作时，温度被动升高很多。将散热器出风口方向调整为其他位置，重新启动电脑后，电脑运行正常，故障排除。

（6）内存容量不对

新购买的主机，8GB内存，安装完系统后，发现可用内存为3.8GB内存。

更换了内存条，发现故障依旧。因为电脑可以正常使用，排除了内存条以及硬件方面的问题。最后将关注点转移到操作系统上。

本例中，用户安装的是32位的Windows 7，最大支持的内存容量就是4GB了。

重新安装64位的Windows 10系统，故障排除。

## 13.4 硬盘的常见故障及维修

机械硬盘因为是机械结构，所以产生问题的概率相比固态硬盘要大得多。硬盘的常见故障有哪些？如何进行处理呢？

### 13.4.1 硬盘的故障现象及检测流程

硬盘出现故障后，是可以开机，也可以进入BIOS的，但是，系统无法进入，并且一般会有提示信息。

（1）硬盘故障现象

电脑BIOS无法识别硬盘。

无法正常启动电脑，无法找到硬盘或可启动设备的提示，如图13-5所示。

```
For Realtek RTL8139(X)/8130/810X PCI Fast Ethernet Controller
PXE-E61: Media test failure, check cable
PXE-M0F: Exiting PXE ROM.

Reboot and Select proper Boot device
or Insert Boot Media in selected Boot device and press a key
```

图 13-5

电脑启动，系统长时间不动，最后显示"HDD Controller failure"的提示。

电脑启动时，出现"Invalid Partition Table"的错误提示，无法启动电脑。

电脑启动时，出现"No ROM Basic System Halted"的提示，无法启动电脑。

电脑异常死机。

频繁无故出现蓝屏。

数据文件无法拷贝出来或者写入硬盘。

电脑硬盘工作灯长亮，但是系统速度超慢，并经常无反应。

读取硬盘文件报错，如图13-6所示。

图 13-6

无法读取硬盘，无法对硬盘操作。

"磁盘管理"无法正确显示硬盘状态，无法对硬盘进行操作。

（2）硬盘故障排查流程

如果无法启动系统，需要查看硬盘是否有异常响动。

如果有的话，问题可能是硬盘固件损坏、硬盘电路方面出现问题、硬盘盘体出现损坏。

如果没有异常响动，需要进入BIOS中，查看是否能够识别到硬盘，如图13-7所示，或者在启动设备选择中查看。

图 13-7

如果不能检测到硬盘，需要检查硬盘电源线有没有接好、硬盘信号线有没有损坏、硬盘电路板有没有损坏。

如果可以检测到硬盘信息，需要查看硬盘系统文件是否损坏，如果没有，那么故障出现在硬盘与主板上，或其他硬件有兼容性问题。

如果系统文件被损坏，那么只能进行修复或者重新安装操作系统了。

维修后如果可以正常进入系统，仅仅是系统文件损坏罢了。如果仍不能进入系统，说明硬盘出现了坏道。

使用低级格式化软件，手动屏蔽掉坏道，或者更换为更为保险的新硬盘。

## 13.4.2 硬盘常见故障原因及排查方法

（1）硬盘常见故障原因

① 硬盘供电电路出现问题　如果供电电路出现问题，会使硬盘不工作。现象有：硬盘不通电、硬盘检测不到、盘片不转动、磁头不寻道。

② 接口电路出现问题　如果硬盘接口电路出现故障，会导致硬盘无法被电脑检测到，出现乱码、参数被误认等故障。接口电路出现故障是接口芯片或者与之匹配的晶振损坏，接口插针折断、虚焊、污损，接口排阻损坏及接口塑料损坏。

③ 缓存出现问题　缓存出现问题会造成硬盘不能被识别、乱码、进入操作系统后异常死机。

④ 磁头芯片损坏　磁头芯片的作用是放大磁头信号、处理音圈电机反馈信号等。出现该问题可能导致磁头不能正常寻道、数据不能写入盘片、不能识别硬盘、出现异常响动等故障现象。

⑤ 电机驱动芯片部分出现故障　电机驱动芯片主要用于驱动硬盘主轴电机及音圈电机，是故障率较高的部件。由于硬盘高速旋转，该芯片发热量较大，常因为温度过高而出现故障。

⑥ 硬盘坏道　因为振动、不正常关机、使用不当等造成坏道，会造成电脑系统无法启动或者死机等故障。

⑦ 分区表出现问题　因为病毒破坏、误操作等造成分区表损坏或者丢失，使系统无法启动。

（2）检查连接故障

虽然硬盘出现故障的概率较大，但硬盘本身在电脑硬件中，还是相对比较耐用的设备。问题一般出现在连接中，如主板硬盘接口松动、损坏，连接硬盘的电源线损坏或电源接口损坏，硬盘接口的金手指损坏或者氧化。需要检查主板的硬盘接口有没有损坏、氧化，连接线是否有折断或者烧焦现象，接口插槽有没有异物。

（3）使用第三方工具检测硬盘

经常使用的是之前提到过的HD Tune，如图13-8所示。该软件是一款硬盘性能检测诊断工具。可以对硬盘的传输速度、突发数据传输速度、数据存取时间、CPU使用率、硬盘健康状态、温度等进行检测，还可以扫描硬盘表面，检测坏道等。还可以查看到硬盘的基本信息，如固件版本、序列号、容量、缓存大小以及当前的传输模式等。

图 13-8

### 13.4.3 硬盘故障实例分析

（1）无法检测到硬盘

清理灰尘后，电脑无法启动，BIOS中也看不到硬盘。

无法检测到硬盘的主要故障原因有硬盘数据线接口与硬盘未连接好，或者数据线接触不良、电缆线断裂、跳线设置不当、硬盘损坏。因为电脑之前可以正常使用，经过物理检查后，发现数据线出现了断裂，造成无法检测到硬盘，更换数据线后，故障得到解决。

（2）蓝屏故障

正常使用的电脑，某天突然停电，等到再开机，可以正常进入系统，但是会不定时出现蓝屏现象。

由于非法关机、使用不当等造成硬盘坏道，使电脑系统无法启动或者经常死机。出现读取某个文件或者运行某个软件时经常出错，或者要经过很长时间才能操作成功，期间不断读盘，并发出刺耳的杂音。这种现象意味着硬盘上载有数据的某些扇区已经

损坏。使用工具完全扫描硬盘，使用第三方工具对损坏的扇区进行隔离。

（3）病毒破坏

正常使用电脑，在下载了破解软件后，再次开机，系统无法启动，并给出错误提示。

此类故障一般为病毒破坏了硬盘分区表所致。使用启动U盘启动电脑，用杀毒软件和备份的硬盘分区表进行恢复，或者使用第三方工具如DiskGenius进行分区表的复原。

（4）系统无法启动

安装完系统后，系统无法启动。

检测后，发现是由于在分区时，没有激活硬盘的主分区造成的。可使用DG等硬盘管理软件激活硬盘主分区，故障排除。

（5）出现坏道

使用电脑时，发现速度变慢，硬盘经常无响应，硬盘指示灯长亮。

系统运行磁盘扫描程序后，提示发现有坏道。磁盘出现的坏道只有两种。一种是逻辑坏道，也就是非正常关机或运行一些程序时出错导致系统将某个扇区标识出来，这样的坏道由于是软件因素造成的且可以通过软件方式进行修复，因此称为逻辑坏道。

另一种是物理坏道，是由于硬盘盘面上有杂点或磁头将磁盘表面划伤造成的坏道，这种坏道是硬件因素造成的且不可修复，因此称为物理坏道。对于硬盘的物理坏道，一般是通过分区软件将硬盘的物理坏道分在一个区

中，并将这个区域屏蔽，以防止磁头再次读写这个区域，造成坏道扩散。不过对于有物理损伤的硬盘，建议将其更换，因为硬盘出现物理损伤表明硬盘的寿命也不长了，随时可能彻底坏掉。

## 13.5 显卡的常见故障及维修

显卡如果出现故障，主机也开不了机，显示器也无法显示，或者在使用时产生花屏等故障现象。如果用户使用了核显，可通过核显来快速判断显卡是否出现问题。

### 13.5.1 显卡的故障现象及检测流程

显卡故障的表现形式，非常明显，很容易判断。

（1）显卡常见故障现象

● 开机无显示，主板报警，提示显卡故障；

● 系统工作时发生死机现象；

● 系统工作时发生蓝屏现象；

● 输出画面显示不正常，出现偏色现象；

● 显示画面不正常，出现花屏；

● 屏幕出现杂点或不规则图案；

● 运行游戏时发生卡顿、死机；

● 显示不正常，分辨率无法调节。

（2）显卡故障的排查流程

显卡故障的排查可以按照下面的顺序进行。

① 安装好显卡开启启动，检查是否有报警。

② 如果有，需要排查：

● 接触不良造成的故障；

● 不兼容造成的故障；

● 散热不良造成的故障；

● 显卡供电造成的故障。

③ 如果没有报警，检查电脑启动时是否死机。如果死机，检查显卡供电电压是否正常。

④ 如果供电正常，故障的原因集中在芯片过热或者是有元器件的损坏。

⑤ 如果启动时没有死机，检查图像显示是否正常，然后检查玩游戏会不会频繁死机。如果有死机现象，那么故障主要集中在DirectX上，可以检查DirectX信息，并进行测试，如图13-9所示。

图13-9

⑥ 如果图像不能正常显示，检查驱动程序是否已经装好。

⑦ 如果程序未装好，重新安装显卡驱动即可。

⑧ 如果程序已经安装完成，故障主要集中在兼容性方面。建议更换显卡。

### 13.5.2 显卡常见故障原因及诊断方法

（1）接触不良

该故障主要由灰尘、金手指氧化等原因造成，在开机时有报警提示音。可以重新安装显卡，清除显卡及主板的灰尘。拆下显卡，仔细观察金手指是否发黑、氧化，板卡是否变形。

（2）散热不良

同CPU及主板芯片类似，显卡在工作时，显示核心、显存颗粒会产生大量热量，而这些热量如果不能及时散发出去，往往会造成显卡工作不稳定。所以出现故障后，需要检查显卡的散热，风扇是否正常运行，散热片是否可以正常散发热量。

（3）设置问题

主要指和显卡相关的各种参数的设置。如果设置出现问题，会造成很多故障。

（4）显存故障

如果挑选显卡时，选择了劣质显卡，显存质量不过关，由于散热不良、损坏等原因，会引起电脑死机现象。

（5）供电故障

现在的显卡已经不满足于主板的供电，稍微高端一点的显卡都需要额外的电源供电。而如果电源不能满足显卡的工作，会输出低于或者高于标准的电压，从而导致电脑随机发生故障。

（6）兼容故障

兼容问题通常发生在升级或者刚组装电脑的时候。主要表现为主板与显卡不兼容，或者主板插槽与显卡不能完全接触而产生物理故障。

（7）超频故障

超频是为了手动提高显卡的工作状态而得到更为强劲的性能。而超频会带来显卡工作状态的改变，如果没有设置到位，极易产生各种故障。

（8）故障报警

不同的BIOS对于显卡故障，会发出不同的报警声。

① Award BIOS

● 1长2短：显卡或者显示器错误。

● 短声响：显示器或者显卡未连接。

② AMI BIOS

● 1长8短：显卡测试错误。

（9）自检报错

如果在加电自检过程中，显示画面一直停留在显卡信息处，不能继续进行其他自检，如图13-10所示，说明显卡可能出现了故障。

图 13-10

（10）风扇故障

显卡在开机时，风扇会转动，如果无法开机且显卡风扇不转，就说明显卡出现了问题。而如果能开机，显卡风扇不转，电脑会报警，否则显卡将面临烧毁的危险，用户需要特别小心。

（11）显示故障

电脑显示出现问题，最为直观的判断就是查看显示画面是否有异常。

显示器花屏、显示模糊或者黑屏现象，是显示故障的主要表现形式。但这些并不都是显示器的问题。所以在判断故障源的时候，重点需要判断是显卡的故障还是显示器本身的故障。另外，显卡驱动问题、显卡与主板不兼容、分辨率设置错误、没有开启特效、显示模式设置问题等原因也可能造成显示故障。

（12）主板检测卡检测

当电脑主机不能正常启动或者显示器黑屏时，使用主板检测卡是一个比较便捷的检测手段。

如果诊断卡显示的故障代码为0B、26、31等，代表显卡可能存在问题。这时需要重点检查显卡与主板是否接触不良、显卡是否损坏等。

## 13.5.3 显卡故障实例分析

下面介绍一些显卡故障的实例，给用户作参考。

（1）电脑花屏

电脑开机到系统，突然发现屏幕花了，如图13-11所示。

图 13-11

电脑日常使用中由于显卡造成的死机花屏故障对于初学者来说通常是不容易判断的。

① 此类故障多为显示器或者显卡不能够支持高分辨率，显示器分辨率设置不当引起的花屏。花屏时可切换启动模式到安全模式，重新设置显示器的显示模式即可。

② 显卡的主控芯片散热效果不良，也会出现花屏现象。处理方法：调节改善显卡风扇的散热效能。

③ 显存损坏，当显存损坏后，在系统启动时就会出现花屏、字符混乱的现象。处理方法：更换显存，或者直接更换显卡。

（2）死机故障

正常使用电脑的过程中，突然死机。对于突然死机的情况，故障原因会有很多。

软件方面，如果是在玩游戏、处理3D时才出现花屏、停顿、死机的现象，那么在排除掉散热问题之后可以先尝试着换一个版本的显卡驱动试一下。

硬件方面，假如一开机就显示花

屏死机的话则先检查下显卡的散热问题，用手摸一下显存芯片的温度，检查下显卡的风扇是否停转。再看看主板上的PCI-E插槽里是否有灰，金手指是否被氧化了，然后根据具体情况清理下灰尘，用橡皮擦擦一下金手指，把氧化部分擦亮。假如散热有问题，就换个风扇或在显存上加装散热片，或者进入BIOS看看电压是否稳定。

对于长时间停顿或是死机、花屏的现象，在排除超频使用的前提下，一般是电源或主板插槽供电不足引起的，建议更换电源试一下。现在显卡已经属于高频率、高温度、高功耗的产品了，对电源的要求也随之增高。

（3）颜色显示不正常

机器显示的颜色不正常，如底片或者过分鲜艳、缺色等。此类故障一般有以下原因：

● 显示卡与显示器信号线接触不良；

● 显示器自身故障；

● 在某些软件里运行时颜色不正常，一般常见于老式机，在BIOS里有一项校验颜色的选项，将其开启即可；

● 显卡损坏；

● 开机后屏幕显示的颜色不正常，而且无论等多长时间也无法恢复正常的颜色，这种情况可能是显示器与显示卡之间的连接插头有缺针（断针）或某些针弯曲导致接触不良，可以检查显示器的连接插头是否出现了问题。

需要注意的是，检查时可以使用替换法，与一台正常工作的显示器或者电视屏幕进行比较，如果确定是显示器连接插头有问题，可以到网上购买一个插头自己替换即可。购买时还应注意与显示器连接接头的功能是否吻合，防止购买后无法与显示器连接。

## 13.6 电源的常见故障及维修

电源故障直接导致电脑无法供电，更加严重的情况甚至会烧毁电脑零件。所以在挑选电源时，一定要认准品牌，这不仅是对组件的安全考虑，也是对使用者本身的一种保护。

### 13.6.1 电源的故障现象及检测流程

电源的稳定在整个电脑中是非常重要的，出现故障而使别的设备烧毁的情况时有发生。

（1）电源故障的常见现象

● 电源无电压输出，电脑无法正常开机；

● 电脑重复性重启；

● 电脑频繁死机;

● 电脑正常启动，一段时间后，自动关闭;

● 电源输出电压高于或者低于正常电压;

● 电源无法工作，并伴随着烧焦的异味;

● 启动电脑时，电源有异响或有火花冒出;

● 电源风扇不工作。

（2）电源故障检测流程

① 电脑加电，观察是否可以开机，如果不能则检查电源开关。

② 电源开关损坏，维修电源开关。

③ 如果电源开关正常，则测试电源是否能工作。

④ 如果电源不能工作，检查电源保险丝、电源开关管、电源滤波电容。

⑤ 如果电源可以工作，则检查主板是否正常。

⑥ 如果主板是好的，故障点在于电源负载过大。

⑦ 如果主板损坏，查看是主板开关电路出现故障还是其他部分损坏。

⑧ 如果电脑可以开机，检测电脑工作时是否会重启或者死机。

⑨ 如果有相关状况，检查电源电压是否正常。

⑩ 如果电压不正常，需要对电源进行检修。

⑪ 如果电压正常，重点查看内存、CPU 等部件，查看是否是其他原因引起的。

### 13.6.2 电源常见故障原因

电源故障的常见原因有很多:

● 电源输出电压低;

● 电源输出功率不足;

● 电源损坏;

● 电源保险丝被烧坏;

● 开关管损坏;

● 300V 电容损坏;

● 主板开关电路损坏;

● 机箱电源开关线损坏;

● 机箱风扇损坏。

### 13.6.3 电源故障实例分析

（1）功率不足故障

一台多核电脑，可以正常启动工作，最近对其进行了升级操作，更换了显卡，发现电脑工作不稳定了，经常会发生重启故障。

根据故障判断，主要原因有：硬盘出现问题、电源有问题、主板出现问题。

① 检查硬盘后，将新加的显卡拔掉后，重新测试电脑，发现故障消失。而接上后，有时故障会出现。将显卡放置在其他主机中，工作正常，未发现重启现象。

② 怀疑电源的功率不足，使用较大功率的电源代替原先电源进行测试，未发现重启现象，确定是电源功率不足引起的。

重新购买新的大功率电源，更换后，系统工作正常，故障被排除。

（2）重启故障

电脑在每次开机过程中都会自动重启一次，而现在是重复一次自检之后才能进入操作系统。

启动时重新引导通常是由于主板的故障而引起的，电源输出不稳定也可能造成这种原因，对这两个设备检查。

发现是由于电源输出不稳定造成的，更换了电源滤波器后，问题修复。

（3）元器件故障

正常使用时，机箱内打火同时显示器电源的指示灯闪烁，并闻到刺鼻气味。

很有可能是电源的问题，电源内部的器件损坏或短路了。

拆开电源，发现300V整流滤波电容上面出现爆浆。

更换相同规格的电容后，通电测试，故障修复。再次说明下，电源维修还是需要专业知识。

（4）自动关机故障

工作用的电脑，一直都很正常，最近大约每开机仅几分钟，电脑就会自动关机，主机及显示器上的指示灯都亮着，风扇也在运转，但并无反应，只有关掉电源重新启动才能正常工作。

电源在工作一段时间后，发热会变大，元器件会出现工作不稳定的情况，导致输出电流断路，所以检修电源，排除故障。

（5）接上电源就开机

买了新电脑，主机接上电源就开机，影响使用。

有可能是BIOS中，在电源管理中将断电并来电后的操作设置成了来电开机，将该选项关闭即可。

（6）需要插拔插头才能开机

电脑会出现突然关机的现象，这时按电源开关没有任何反应。一定要把电源插头取下再插一次才可以重新启动。

很可能是电源的自动保护电路出了问题，检查一下市电是否稳定，另外，可以先使用另外的电源，看看是否是由于电源本身所造成的。

（7）关机变休眠

以前的电脑使用时，按下机箱电源键，电脑会自动关机，非常方便。更换了电脑后，按电源键变成了休眠。

可以进入Windows设置中的电源选项中，设置电源键的具体作用，如图13-12所示。

图13-12

（8）风扇故障

客户送来的主机，经常发生死机

现象，经过排查，发现电源风扇已经停止转动。

电脑电源的风扇通常采用接在+13V直流输出端的直流风扇。如果电源输入输出一切正常，而风扇不转，多为风扇电机损坏。

如果发出响声，其原因之一是由于机器长期的运转或运输过程中的激烈振动引起风扇的4个固定螺钉松动；其二是风扇内部灰尘太多或含油轴承缺油，只要及时清理或加入适量的高级润滑油，故障就可排除。

（9）劣质电源故障

劣质电源会带来很多问题，更有可能危及使用者的安全。

① 容易使硬盘出现坏磁道；

② 超频不稳定；

③ 主机经常莫名其妙重新启动；

④ 电脑运行伴有"轰轰"的噪声；

⑤ 显示屏上有水波纹。

如果电脑在使用中出现了以上故障，需要尽快检查并修复电源，或者直接更换成可靠的大品牌电源，否则可能会造成更大的损失。

## 13.7 显示器的常见故障及维修

显示器的故障现象有时和显卡故障比较类似，用户可以通过替换法快速判断是什么问题导致的故障。当然，显示器本身还是比较耐用的，出现故障的概率也较小。

### 13.7.1 显示器的故障现象及检测流程

（1）显示器常见故障现象

● 显示器无法开机；

● 显示器画面昏暗；

● 显示器出现花屏；

● 显示器出现偏色；

● 显示器无法正常显示。

（2）显示器的检测流程

显示器出现问题后，可以按照下面的检测顺序进行检查。

① 查看显示器是否可以开机，如果可以开机，查看显示器能否显示。

② 如果不能显示，需要检查：

● 信号线；

● 电脑显卡；

● 控制电路；

● 接口电路。

③ 如果能显示，查看显示画面是否正常。

④ 如果不正常。需要检查：

● 信号线是否接触不良；

● 控制电路；

● 屏显电路；

● 背光电路。

⑤ 如果显示器不能开机，检查电源线是否已经连接好，如果没有，重新连接电源线。

⑥ 如果电源线已经连接好，检查电源电路保险是否烧坏。

⑦ 如果电源电路烧坏，更换电源电路保险丝，并检查电源电路是否还存在其他故障。

⑧ 如果没有烧坏，检查电源是否有电压输出。

⑨ 如果有电压输出，检查时钟信号及复位信号。

⑩ 如果没有电压输出，需要：

● 检查电源开关按键；

● 检查开关管；

● 检查滤波电容；

● 检查稳压管；

● 检查电源管理；

● 检查芯片等元器件。

## 13.7.2 显示器常见故障原因及排查方法

（1）显示器故障主要原因

● 电源线接触不良；

● 显示器电源电路出现问题；

● 液晶显示器背光灯损坏；

● 液晶显示器高压电路板故障；

● 显示器控制电路故障；

● 显示器信号线接触不良损坏；

● 显示电路故障；

● 显卡出现故障。

（2）显示器开机故障

检查电源接线板是否有电，检查电源线是否插紧。

拆开液晶显示器，检查主板等部件是否有明显的元器件被烧坏、接触不良等现象。如果存在，更换对应的元器件。

检查电源开关是否正常，如果不正常，维修或更换电源开关；如果正常，检测电源板是否有输出电压。

如果电源板有输出电压，接着检查13V及5V保护电路中的元器件，并更换损坏的元器件；如果没有输出电压，那么检查电源保险管是否烧断。如果已经烧断，那么需要更换保险管，并检查开关管电路。

如果保险管没有烧断，接着测量310V滤波电容引脚电压是否为310V。如果不是，检查310V滤波电容及整流滤波电容中的整流二极管和滤波电容、电感，并更换损坏的元器件；如果310V滤波电容引脚电压为310V，那么检查开关管。

（3）无显示故障排查

检查显示器信号线是否插紧，检查液晶显示器与显卡是否存在接触不良的状况。

用替换法检查电脑显卡及电脑主机是否工作正常。如果有问题，维修电脑主机。

## 13.7.3 显示器故障实例分析

显示器内部都是比较重要的电子元器件，而且电压也非常高，为了安全起见，新手简单了解即可。有这方面兴趣的读者需要了解电子电路以及显示器维修方面的知识后再动手。切不可随意拆修，一定要注意安全。

（1）花屏故障

显示器总是出现花屏的现象，如图13-13所示，可能是长期出现花屏，也有可能是短期重复出现。

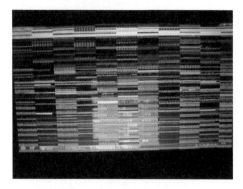

图 13-13

产生该故障原因主要有：

① 显示设置分辨率等过高；

② 显卡的驱动程序不兼容或者版本有问题；

③ 电脑病毒引起花屏；

④ 连接线出现松动或者连接线品质有问题或者出现损坏；

⑤ 显卡本身问题，可能过热，超频过高，也有可能本身质量出现问题；

⑥ 显卡和主板不兼容，或者插槽有问题，接触不良。

使用替换法进行排查，发现显示器连接其他主机也存在花屏现象，排除主板及显卡故障。经过检测，发现显示器排线损坏，更换后解决故障。

（2）出现水波纹

电脑正常使用，因娱乐需要更换

成了家庭影院，电脑显示器出现了水波纹，如图13-14所示。

产生该故障的原因主要有：

① 分辨率或者刷新率设置过高，显示器或显卡不堪重负；

② 显示器品质低劣；

③ 受到干扰。

因为是正常使用中突然发生的问题，想起家庭影院与电脑同时接入同一电源，为了增强效果，将电脑放置在家庭影院后。关闭家庭影院后，故障消失，判断为电磁干扰。通过连接不同电源，另将主机做屏蔽处理，并远离家庭影院，再次开启后，故障消失。

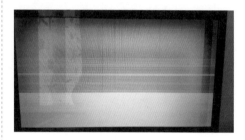

图 13-14

（3）出现横线

显示器中间出现固定的横线，如图13-15所示。

图 13-15

出现跳动的横线，一般是显卡问题。显卡过热或者显卡损坏都有可能。用户需要根据实际情况进行判断。

如果是比较稳定的横线，一般是显示器本身质量问题，内部屏线断裂或者其他情况发生。

经过排查，发现电脑主机及主板都没有问题，将显示器接入其他电脑仍然出现该故障。打开显示器外壳，更换排线，故障解决。

（4）其他故障

其他故障还包括画面抖动、显示时间久、出现干扰等情况，也可以按照上面的方法检查修复。

## 13.8 安全操作注意事项

了解了电脑各组件的故障后，应该了解电脑安全操作的重要性。常见的安全操作有以下注意事项。

### 13.8.1 内部组件安全操作

下面介绍下内部组件在使用时的注意事项。

（1）电源

电源是电脑运行的动力保障，电源在运行时，需要注意是否有异响或者风扇停止转动，如果有要立即停止电脑运行并检查。在使用一段时间后，应注意对电源进行清洁。

（2）硬盘

在读写硬盘时，严禁突然关闭电源，机械硬盘应注意在工作时避免碰撞、挪动计算机，以防造成硬盘损坏、数据丢失等情况。

### 13.8.2 外部组件安全操作

外部设备在使用时，也需要注意以下事项。

（1）显示器

显示器在使用时应远离磁场干扰，不能将显示器置于潮湿的环境中工作，也不要长期置于强光照射的地方。有条件的可以为显示器添加防尘罩，而且应在显示器热量散尽后再覆盖。隔一段时间，应为显示器做清洁工作。

（2）鼠标和键盘

定期清理表面、按键间的缝隙以及鼠标垫。使用时，用力要适当。鼠标在使用时应避免摔、碰、强力拉线等操作。

笔记本电脑也是比较常用的学习、办公、娱乐设备。在日常使用时，需要学习一些注意事项，以便更好地进行维护与保养，以延长使用寿命。

笔记本电脑能否保持一个良好的状态和使用环境和个人的使用习惯有很大的关系，好的使用环境和习惯能够减少故障的发生并且能最大限度地发挥其性能。尤其是笔记本电池的使用寿命，如果长期用适配器供电的，应把电池放在干燥、阴凉的地方。如果整机不用，最好把电池和笔记本分开放置。

导致笔记本电脑损坏的几大环境因素如下。

（1）振动

包括跌落、冲击、拍打和放置在较大振动的表面上使用，系统在运行时外界的振动会使硬盘受到伤害甚至损坏，还会导致外壳和屏幕的损坏。

（2）湿度

潮湿的环境也对笔记本电脑有很大的损伤，会导致电脑内部的电子元件遭受腐蚀，加速氧化，从而加快电脑的损坏。

（3）清洁度

保持在尽可能少灰尘的环境下使用电脑是非常必要的，严重的灰尘会堵塞电脑的散热系统，容易引起内部零件之间的短路而使电脑的使用性能下降或损坏。

（4）温度

保持在建议的温度下使用电脑也是非常有必要的，在过冷或过热的温度下使用电脑会加速内部元件的老化过程，严重的会导致无法开机。

（5）电磁干扰

强烈的电磁干扰也会对笔记本电脑造成损害，例如电信机房、强功率的发射站等地方。

不正确地携带和保存同样会使得电脑受到损伤。建议携带电脑时使用专用电脑包。待电脑完全关机后再装入电脑包，防止电脑过热损坏。不要与其他部件、衣服或杂物堆放一起，以避免电脑受到挤压或刮伤。旅行时随身携带，请勿托运，以免电脑受到碰撞或跌落。在温差变化较大时，请勿马上开机。

另外，关于笔记本液晶屏保养应注意以下几点。

● 切勿压迫笔记本的液晶屏：笔、尺、手指等硬物的直接碰触会导致屏幕的永久性物理损伤而影响其使用性能；在运输和携带笔记本电脑的过程中，切勿让屏幕和顶盖受到压迫，压迫可能造成屏幕的排线断裂和顶盖碎裂，这也是最常见的屏幕损坏情况。

● 避免屏幕在强光下暴晒。强光照射会加快液晶屏的老化，尽可能在日光照射较弱或者没有强光照射的地方使用。

● 合上机盖需小心。请特别注意开合机盖的方式与力度。目前，大多数笔记本的顶盖和机身的连接轴是合成材料，不正确的操作可能造成连接轴断裂甚至脱离，进而伤及连接轴内的液晶屏的显示及供电排线。因此，正确的开合姿势是在顶盖前缘正中开合，并且注意用力均匀，尽量轻柔。

● 屏幕最容易沾染灰尘，只要用干燥的软毛刷刷掉即可。切勿使用有机溶剂和水擦拭屏幕。

第14章

# 软件故障
# 检测及
# 维修实例

## 学习目的与要求

　　前面主要介绍了电脑的硬件故障及维修方法。电脑除了硬件外，就是操作系统以及应用软件等与用户直接打交道的程序了。相对于硬件，软件故障更加常见，也没有替换硬件的费用问题。用户可以通过学习，快速排除软件的故障。本章将着重介绍电脑软件的常见故障以及维修方法。

　　在学习本章前，用户需要简单了解并搜集一些常用的电脑维护工具，并对电脑做好备份，以防止因为修复系统及软件故障而造成文件的损坏。

## 知识实操要点

- ◎ 使用系统自带的特殊模式
- ◎ 文件系统错误检查
- ◎ 病毒的扫描与杀毒
- ◎ 电脑开关机时的软件故障
- ◎ 死机、重启及蓝屏故障修复
- ◎ 电脑常见的优化操作

## 14.1 电脑系统常见故障排除方法

操作系统产生的故障，在无法进入操作系统或者在提示用户进行修复的情况下，可以使用如下方法快速进行修复。

### 14.1.1 使用"最近一次的正确配置"进行修复

扫一扫 看视频

最后一次正确配置是Windows提供的恢复解决某些问题的方法。例如新添加的驱动程序与硬件不符，进行了错误的配置，致使系统信息不正确，可以通过最后一次正确配置，使用上次正常启动时的备份信息。

系统在每次启动计算机后，都会自动地将该次启动后的注册表中的系统硬件信息做一个备份，将其存放在最后一次正确启动控制集中。当系统出现错误，无法正常启动时，可以通过这个备份将系统恢复到上一次正确启动计算机时的状态。

步骤 01 开机自检后，在进入操作系统的界面前，反复按"F8"快捷键，进入"高级启动选项"界面，使用上下键，将光标定位到"最近一次的正确配置"上，按回车键，如图14-1所示。

步骤 02 系统启动，并恢复到最近一次可以进入系统的状态，查看问题是否已经解决，或者是否可以进入系统，如图14-2所示。

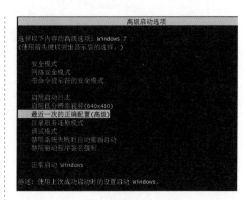

图 14-1

图 14-2

Windows 10是没有该选项的，用户可以使用其他方法进行修复。

### 14.1.2 使用安全模式进行修复

安全模式是Windows操作系统中

的一种特殊模式，在安全模式下用户可以轻松地修复系统的一些错误。安全模式的工作原理是在不加载第三方设备驱动程序的情况下启动电脑，使电脑运行在系统最小模式，可以方便地检测与修复计算机。

如果电脑出现中毒的情况，可以进入安全模式进行杀毒；如果进不了正常系统、驱动有问题、注册表有问题，可以进入安全模式禁用驱动、修复注册表等。一些黑屏、无限重启、蓝屏的情况，都可以进入安全模式修复。

安全模式又分为普通的安全模式、带网络连接的安全模式以及带命令提示符的安全模式几类。

（1）Windows 7进入安全模式

**步骤 01** 如Windows7系统，开机启动时，按"F8"，进入高级启动选项中，选择需要的版本，如图14-3所示。

扫一扫 看视频

图 14-3

**步骤 02** 系统会显示出必须加载的内容，稍等片刻，如图14-4所示。

图 14-4

**步骤 03** 完成加载后，可以看到安全模式和普通模式是有很大区别的，如图14-5所示。

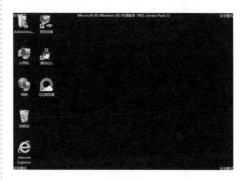

图 14-5

（2）Windows 10进入安全模式

Windows 10的进入方法和过程与Windows 7不同，用户可以按照下面的方法进入。

扫一扫 看视频

**步骤 01** 首先需要在"开始"菜单中，单击"设置"图标，如图14-6所示。

**步骤 02** 在"Windows设置"界面，单击"更新和安全"图标，如图14-7所示。

图 14-6

图 14-7

图 14-9

步骤 03 在"设置"中，选择左侧的"恢复"选项，并单击右侧出现的"立即重新启动"按钮，如图14-8所示。

步骤 05 单击"高级选项"按钮，如图14-10所示。

图 14-10

图 14-8

步骤 04 系统会进行重启操作，在关闭电源前，弹出一个蓝色的选项界面，如图14-9所示，单击"疑难解答"按钮。

步骤 06 在这里可以进行系统还原，使用命令提示符，使用映像文件恢复，设置UEFI固件，启动修复等。单击"启动设置"按钮，如图14-11所示。

图 14-11

电脑组装与维修一本通

**步骤 07** 单击"重启"按钮，如图14-12所示。

图 14-12

**步骤 08** 等待系统重启，不需要按键，出现启动设置界面以及设置的内容，如图14-13所示。这里按键盘的"4"键。

图 14-13

**步骤 09** 同Windows 7类似，加载了基本的系统文件后，进入安全模式，如图14-14所示。

图 14-14

知识点拨

**其他进入的方法**

在进入系统后，按住"Shift"键，选择"重启"选项，如图14-15所示。

图 14-15

在开机时，强制重启，反复几次，会出现如图14-16所示，进入自动修复界面。在"自动修复"界面中，单击"高级选项"按钮，如图14-17所示。

图 14-16

图 14-17

此时，出现之前介绍的界面，如图14-18所示，用户进入需要的选项即可。

图 14-18

### 14.1.3 修复启动故障

扫一扫 看视频

出现问题后，有时候是无法调出上面提到的菜单的，Windows系统会提示插入安装光盘进行系统修复。其实就是使用镜像中的安装程序进行系统修复。

步骤 01 在系统安装界面中，启动安装程序，然后在环境界面中，单击"下一步"按钮，如图14-19所示。

图 14-19

步骤 02 在选择是否现在进行安装的界面中，不要进行安装，单击"修复计算机"链接，如图14-20所示。

图 14-20

步骤 03 单击"启动修复"按钮，如图14-21所示。

图 14-21

此时的菜单略有不同，可以进行系统还原以及使用备份的映像还原。使用命令提示符，可以使用命令对系统文件、用户等进行各种操作。

步骤 04 选择目标操作系统。单击Windows 10按钮，如图14-22所示。

图 14-22

**步骤 05** 系统会自行进行诊断，如图 14-23所示。

**步骤 06** 如果出现了问题，系统会进行检查并修复，如图14-24所示。

图 14-23

图 14-24

## 14.2 电脑使用过程中常见故障及修复

电脑在使用过程中也会产生诸如文件错误、注册表错误、文件丢失等故障。

### 14.2.1 系统文件错误的修复

在正常使用Windows的过程中，难免会产生很多错误。

（1）使用SFC进行修复

系统文件检查器（System File Checker）是集成在Windows系统中的一款工具软件。该软件可以扫描所有受保护的系统

扫一扫 看视频

文件并验证系统文件完整性，并用正确的Microsoft程序版本替换不正确的版本。

**步骤 01** 在Windows桌面上，启动"开始"菜单，在"Windows系统"下的"命令提示符"图标上，单击鼠标右键，在"更多"选项后，选择"以管理员权限运行"，如图14-25所示。

图 14-25

**步骤 02** 确定启动，并在其中输入"sfc/?"来了解该命令的说明、语法、参数信息等，如图14-26所示。

**步骤 03** 使用"sfc /scannow"命令扫描所有受保护的系统文件完整性，并修复出现的问题，如图14-27所示。

图 14-26

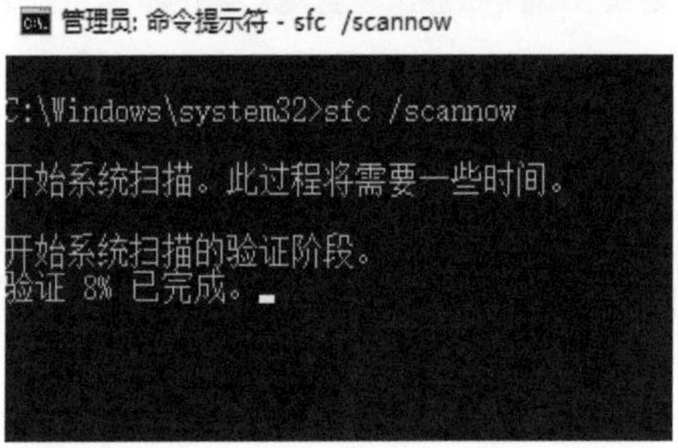

图 14-27

**步骤 04** 完成扫描后，如果缺失文件，会提示用户插入 Windows 安装光盘，进行缺失文件的修复工作。如果没有问题，则会显示完成，如图 14-28 所示。

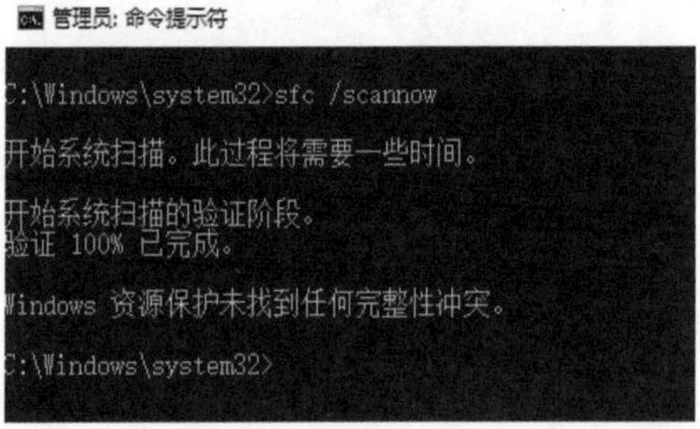

图 14-28

（2）使 用 chkdsk 命令检查磁盘

扫一扫 看视频

chkdsk 的 全 称 是 checkdisk，就是磁盘检查

的意思。当系统崩溃或者非法关机的时候由系统调用来检查磁盘，也可以手动通过命令行调用来检查某一个磁盘分区。该工具基于被检测的分区所用的文件系统，创建和显示磁盘的状态报告。chkdsk 还会列出并纠正磁盘上的错误。如果不带任何参数，chkdsk 将显示当前驱动器中的磁盘状态。

**步骤 01** 同样打开命令提示符界面，使用"chkdsk /?"命令查看该命令的语法、参数和用法等，如图 14-29 所示。

图 14-29

**步骤 02** 输入该命令，回车后，进行磁盘检查，如图 14-30 所示。

图 14-30

**步骤 03** 如果存在问题，会自动进行诊断和修复。如果没有问题，会显示如图 14-31 所示内容。

图 14-31

## 14.2.2 注册表错误及修复

注册表是Windows操作系统中的一个核心数据库，其中存放着各种参数，直接控制着Windows的启动、硬件驱动程序的装载以及一些Windows应用程序的运行，在整个系统中起着核心作用。

扫一扫 看视频

如果注册表受到了破坏，轻则使Windows的启动过程出现异常，重则可能会导致整个Windows系统的瘫痪。

用户可以在注册表编辑器中对注册表进行备份及还原操作。

步骤 01 使用"Win+R"键启动"运行"，输入注册表编辑器命令"regedit"，回车，如图14-32所示。

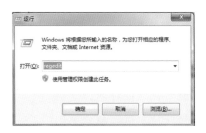

图 14-32

步骤 02 启动后，如果注册表有问题，在注册表编辑器中，找到并新建对应的键值，保存，重启电脑即可生效。

在注册表编辑器的"文件"选项卡中，选择"导出"选项，如图14-33所示。

图 14-33

步骤 03 选择导出范围为"全部"，选择位置及命名后，单击"保存"按钮，即可导出注册表，如图14-34所示。

步骤 04 可以在桌面上查看导出的内容。如果电脑出现问题，可以在注册表编辑器的"文件"选项卡中，选择"导入"选项，如图14-35所示。

图 14-34

图 14-35

**步骤 05** 找到注册表文件，单击"打开"按钮，进行导入操作，如图 14-36 所示。

图 14-36

## 14.2.3 病毒造成的故障及修复

电脑病毒也是造成系统故障的一大元凶。电脑病毒是编制者在电脑程序中插入的破坏电脑功能或者数据，能影响电脑使用，能自我复制的一组电脑指令或者程序代码。

之前提到的硬盘锁病毒就是一种比较常见的勒索型病毒，如图 14-37 所示。

图 14-37

（1）电脑中毒后的主要表现

电脑若出现以下多种并存的表现形式，就要怀疑是否是病毒引起的。

● 电脑系统运行速度减慢；
● 电脑系统经常无故发生死机；
● 电脑系统中文件长度变化；
● 电脑存储的容量异常减小；
● 系统引导速度减慢；
● 丢失文件或文件损坏；
● 电脑屏幕上出现异常显示；
● 电脑的蜂鸣器出现异常声响；
● 磁盘卷标发生变化；
● 系统不识别硬盘；
● 对存储系统异常访问；
● 键盘输入异常；
● 文件的日期、时间、属性变化；
● 文件无法读取、复制或打开；
● 命令执行出现错误；
● 虚假报警；
● 更换当前盘，有些病毒会将当前盘切换到 C 盘；
● 时钟倒转，有些病毒会令系统时间倒转，逆向计时；
● 操作系统无故频繁出错；
● 系统异常重新启动；

- 一些外部设备工作异常；
- 异常要求用户输入密码；
- Word 或 Excel 执行"宏"；
- 不应驻留的程序驻留内存。

（2）电脑中毒后的主要处理方式

现在，网络病毒和木马的威胁仍将长期存在，作为普通用户，需要了解并做好一定的防范措施。

- 安装杀毒软件；
- 定期做好数据备份工作；
- 经常更新杀毒软件，以快速检测到可能入侵电脑的新病毒或者变种；
- 使用安全监视软件，防止浏览器被异常修改，插入钩子，安装恶意的插件；
- 使用防火墙；
- 定时全盘扫描病毒木马；
- 去官网下载使用正版的软件；
- 及时启动杀毒软件进行病毒查杀。

如果对文件的安全性存在怀疑，可以将软件上传到一些病毒查杀引擎中进行在线扫描，如图14-38所示。

图 14-38

### 14.2.4 使用第三方工具进行故障修复

现在很多第三方的电脑管理软件都提供了各种修复、设置、优化工具，如图14-39、图14-40所示。

图 14-39

图 14-40

其他的工具还有很多，出现故障后，可以进入对应的工具中进行处理。比如，查看网络连接情况，可以单击小工具的"网络连接"图标，查看电脑进程对应的网络连接状态，如图14-41所示。

比如在"流量监控"中，可以查看影响网速的程序，可以在其中禁用，如图14-42所示。还可以限制上传下载速度等。

图 14-41

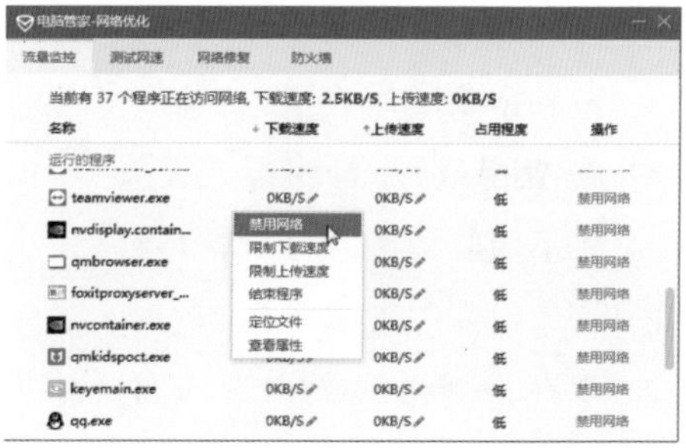

图 14-42

小工具还有很多，用户也可以搜索需要的。

## 14.3 电脑开关机过程中常见故障及修复

电脑在正常使用过程中产生的错误，可以按照上面提到的方法进行排除。还有几类情况，如启动故障、关机故障、死机故障、重启故障，除了软件外，还有可能和硬件有关，排除起来就有点麻烦了。那么这些故障如何解决呢？

### 14.3.1 启动故障及修复

系统启动不起来，就可以说是启动故障，具体的原因和修复方法如下。

（1）启动故障原因

系统的启动故障主要原因包括：

- 系统文件丢失；
- 操作系统文件损坏；
- 系统感染病毒；
- 硬盘有坏扇区；
- 硬件不兼容；
- 硬件设备有冲突；
- 硬件驱动程序与系统不兼容；
- 硬件接触不良；
- 硬件有故障。

（2）启动故障的处理步骤

在遇到启动故障后，可以按照下面的方法尝试处理。

**步骤 01** 启动电脑，按照之前介绍的方法进入安全模式，如果无法进入，出现死机或蓝屏现象，转至步骤06。

**步骤 02** 如果可以进入安全模式，造成故障的原因可能是硬件驱动不兼容、操作系统故障、感染了病毒。可以在安全模式启动杀毒软件进行病毒查杀，而后启动电脑。

**步骤 03** 如果仍然不能正常启动系统，有可能病毒破坏了系统文件，可以通过重装系统进行解决。

**步骤 04** 如果没有查找出病毒，则将关注重点定位在硬件设备驱动上。将声卡、网卡、显卡等设备的驱动逐一删除，并测试是否能进入系统，直至找到出现问题的硬件。然后下载另一个版本的驱动并安装进行测试。

**步骤 05** 如果检查完驱动，仍然找不到问题，可能是由于操作系统文件损坏造成了故障，可以使用"NTBOOTautofix""EasyBCD"等工具进行系统的引导修复，否则重新安装系统解决故障。

**步骤 06** 如果电脑不能进入安全模式，则可能是系统文件严重损坏，或者硬件设备有兼容性问题。用户可以通过重新安装系统来解决问题。如果故障依旧，则转到步骤10。

**步骤 07** 如果可以正常安装操作系统，安装后，复查故障是否仍然存在。如果故障消失，则故障由系统文件损坏引起。

**步骤 08** 如果重新安装系统后，故障依旧，则故障可能由硬盘坏道或者设备驱动与本操作系统不兼容引起。再用安全模式启动电脑，如果不能启动，则是硬盘坏道引起故障。用户可以使用硬盘工具进行坏道的修复。

**步骤 09** 如果能启动安全模式，则电脑还存在设备驱动程序问题，需要重新进行设备驱动的排查工作。

**步骤 10** 如果安装操作系统时出现了死机、蓝屏、重启等故障，则故障可能由硬件设备接触不良引起。用户需要对电脑进行清灰操作。再次安装系统。

**步骤 11** 如果仍然无法安装系统，则可能是硬件故障。用户可以使用替换法进行测试。找到出现问题的设备，进行更换后，重新安装驱动即可。

## 14.3.2 关机故障及恢复

关机故障指的是给电脑下达"关机"命令后，电脑无法正常关机或者一直保持在"正在关机"状态，长时间无响应的情况。

（1）Windows的正常关机过程

Windows的关机过程经过了以下四个阶段。

① 完成所有磁盘写操作。

② 清除磁盘缓存。

③ 执行关闭窗口程序，关闭所有当前运行的程序。

④ 将所有保护模式的驱动程序转换成实模式。

这4步是关机必须经过的。强行关机会导致缺少了某些过程，势必会造成系统的故障。

（2）关机故障主要原因

造成关机故障的主要原因有：

● 没有在实模式下为视频卡分配一个IRQ；

● 某一程序或TSR程序可能没有正确地关闭；

● 加载一个不兼容的、损坏的或冲突的设备驱动程序；

● 选择Windows时的声音文件损坏；

● 不正确配置硬件或硬件损坏；

● BIOS程序设置有问题；

● BIOS中的"高级电源管理"或

"高级配置和电源接口"的设置不正确；

● 注册表中快速关机的键值设置为"enabled"。

（3）关机故障的主要解决方案

下面以驱动原因讲解主要的解决方案。

步骤 **01** 检查所有正在运行的程序，关闭不必启动的程序。在Win7中单击"开始"→"运行"命令，打开"运行"对话框，在Win8/10中，使用"Win+R"键打开"运行"对话框。在对话框中输入"msconfig"，单击"确定"按钮，如图14-43所示。

图 14-43

步骤 **02** 在"启动"选项卡中，禁用不需要的启动项目，单击"确定"按钮，如图14-44所示。

图 14-44

步骤 **03** 如软件程序停用后，仍然无法进行正常关机，则可能是硬件原因造

成的。在"控制面板"中，单击"设备管理器"按钮，如图14-45所示。

图 14-45

步骤 **04** 展开"显示适配器"，双击当前的设备。在打开的显卡属性对话框中，单击"驱动程序"选项卡，单击"禁用"按钮，如图14-46所示。

图 14-46

步骤 **05** 按照同样方法，停用其他设备，然后进行关机操作，观察是否可以正常关机，排查出造成故障的设备。更新此硬件的驱动程序或者BIOS来解决硬件不兼容的问题。

扩展阅读:
电脑死机故障及恢复

扩展阅读:
电脑重启故障及恢复

# 14.4 操作系统与常用软件故障及修复实例

　　除了以上通用的故障外，用户在使用一些常用软件及特殊软件时也会产生故障。下面以实例的形式介绍这些软件以及一些操作系统的故障修复实例。

（1）蓝屏故障8e

● 更改、升级显卡、网卡驱动程序。

● 安装系统补丁。

● 给电脑杀毒。

● 检查内存是否插紧，质量是否有问题或不兼容。

● 打开主机机箱，除尘，将所有的连接插紧插牢，给风扇上油，或换新风扇。台式机在主机机箱内加临时风扇，辅助散热。

● 拔下内存，用橡皮擦清理一下内存的金手指，清理插槽，再将内存条插紧。如果主板上有两条内存，有可能是内存不兼容或损坏，拔下一条，然后开机试试，再换上另一条试试。

● 将BIOS设置成出厂默认或优化值。

● 进入安全模式查杀木马病毒。

● 如果是新安装驱动或软件后产生的，禁用或卸载新安装的驱动和软件。

● 从网上驱动之家下载驱动精灵最新版，更新鼠标和其他设备，如网卡、显卡、声卡以及系统设备、IDE控制器、串行总线控制器等的驱动。

（2）非法操作0A

　　原因是驱动使用了不正确的内存地址。

　　开机进入安全模式，在Windows高级选项菜单屏幕上，选择"最后一次正确的配置"。运行所有的系统诊断软件，尤其是检查内存。禁用或卸掉新安装的硬件驱动程序或软件。检查是否正确安装了所有的新硬件驱动或软件。更新驱动程序。

（3）内存不足

　　内存不足产生提示信息，如图14-47所示，除了增加内存外，有时还需要调节虚拟内存大小，如图14-48所示。

图 14-47

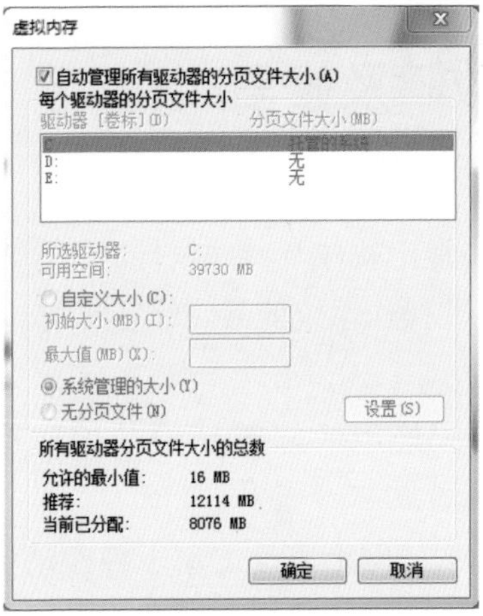

图 14-48

（4）去掉快捷键小箭头

以管理员身份打开注册表并定位到[HKEY_CLASSES_ROOT\lnkfile]，在右侧找到IsShortcut，选中它，按下"F2"重命名时将这些字符复制，然后将其整个键值删除，接着按下"F3"，打开查找对话框，将刚才复制的IsShortcut粘贴后，回车，继续查找，找到的下一个键值也同样删除。然后注销一次就可以了。

（5）缩短系统响应时间

Windows用户常常会遇到"程序未响应"的系统提示，要么手动强行终止，要么继续等待响应，大多数程序出现此问题时，很难再恢复过来。

运行注册表编辑器，依次展开到HKEY_CURRENT_USER\Control Panel\Desktop，然后在右侧窗口空白处单击右键，新建一个"DWORD 32位值"。双击新建的值，并将其重命名为"WaitToKillAppTimeout"。确认一下该键值的数值为0后，保存修改，退出即可。

（6）进入桌面后系统无反应

有时系统启动到桌面环境，发现不显示图标，除了壁纸和鼠标指针外，什么也没有，但是键盘和鼠标还能使用。

在出现桌面没有反应的时候，首先打开资源管理器，可以使用组合键"Ctrl+Alt+Del"或者使用"Ctrl+Shift+Esc"进入资源管理器中。

选择进程选项。在进程窗口中找到explorer进程，如果有，则点击下面的结束进程；没有，则进行下一步。

结束后，单击"文件"选项卡，选择"新建任务"选项，在弹出的窗口中输入"explorer.exe"，点击"确定"即可，如图14-49所示。

图 14-49

（7）安装Widnows7原版，无法使用

安装Windows 7原版后，键盘鼠标不能用，也无法联网，USB也用不了。

这种故障是因为最后的Windows7 SP1发布很长时间了，并没有集成新硬件的各种驱动，因为微软很长时间都没有维护这个系统安装镜像了。

用户需要使用PS2接口的鼠标或者键盘。首先然后进入PE中，将驱动精灵网卡版，如图14-50所示，下载并拷贝到硬盘上，然后重启进入系统，此时，鼠标键盘可用，到对应分区安装驱动精灵网卡版安装程序，就可以自动离线安装网卡的驱动。其他的驱动在驱动精灵中解决即可。

图 14-50

（8）不允许自动更新

Win10更新有时很麻烦，下面介绍禁止自动更新的方法。

步骤 01 在"运行"中打开组策略编辑器"gpedit.msc"。

步骤 02 选择"计算机配置→管理模板→Windows组件→Windows更新"。

步骤 03 将"配置自动更新"设置为"2-通知下载并通知安装"，如图

14-51所示。可以在需要的时候手动更新。

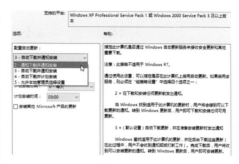

图 14-51

（9）升级后系统卡顿

这种故障经常出现在刚刚升级完的电脑上。刚升级完的Win10是要安装驱动的，所以磁盘占有率满了属于正常。建议刚刚升级完的用户联着网多开一会儿电脑，这样Win10会自动安装，而且重启完后也不卡了。或者启动任务管理器，在"启动"选项卡中，选择不需要启动的程序，单击"禁用"按钮，就是禁止自启，如图14-52所示，这样开机也会变快。

图 14-52

（10）开机没有声音

① 连接线错误或电源没有开启

有好多台式机的用户用的是外接的声音播放设备。在连接音频线的时候连

接的是麦克风的孔，造成没有声音，只要更换插孔就可以了。一般台式机的插孔是绿色的，而且都有小图标提示。

② 驱动程序没有安装或安装不正确　有的声卡由于系统没有相对应的驱动，所以安装系统后没有声音，可以在设备管理器中查看驱动的情况。如果没有安装，就安装对应的驱动。有的声卡要求先安装补丁才可以安装驱动，参见官方说明，也可以使用驱动精灵检测，如图14-53所示。

③ 驱动程序不兼容　有的时候驱动程序不兼容或有的笔记本电脑安装

图 14-53

驱动顺序不正确也会造成安装后没有声音，请更新驱动。

④ 声音设置出错　依次单击"开始"按钮→"控制面板"→"硬件和声音"，然后在"声音"下单击"调整系统音量"，移动滑块可增大音量。确保"静音"按钮未开启。

## 14.5　电脑操作系统常见优化操作

根据不同人群的需要，可以对操作系统进行一些必要的优化，提高系统的使用效率。下面介绍一些常见的系统优化操作。

###  14.5.1　使用系统自带工具进行磁盘优化

系统本身就带有一些工具可以进行优化，下面介绍如何进行磁盘优化。

（1）磁盘清理

在系统及软件运行时会产生很多临时文件，有些临时文件在关闭电脑时自动被系统删除，但有些软件产生的临时文件没有清除机制，会在磁盘上一直存在，影响系统的运行并占用

磁盘的存储空间，需要用户手动磁盘清理。下面介绍系统自带的磁盘清理功能的使用方法。

**步骤 01**　在需要清理的分区上，单击鼠标右键，选择"属性"选项，在"属性"界面，单击"磁盘清理"按钮，如图14-54所示。

**步骤 02**　扫描完成后，会显示无用的文件，勾选清理的内容，单击"删除文件"按钮，即可清理，如图14-55所示。

图 14-54

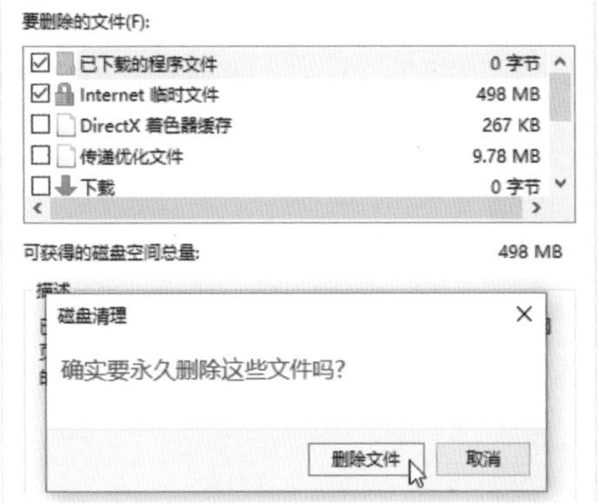

图 14-56

**步骤 02** 在"优化驱动器"界面中，列出了分区信息。选中需要进行碎片整理的分区，单击"分析"按钮，如图14-57所示。

图 14-57

如果需要进行碎片整理，则程序自动进行碎片整理。如果没有，则返回到该界面中。用户单击"优化"按钮，系统自动对该分区进行优化，并可以查看优化的进度。

（3）启用磁盘写入缓存功能

通过启用磁盘写入缓存功能，可以提高硬盘的读写速度，下面介绍具

图 14-55

（2）磁盘碎片整理

长时间使用电脑，会在磁盘中产生很多碎片，从而降低计算机运行速度，磁盘碎片整理可以重新排列碎片，使磁盘可以更加高效地工作。下面就介绍如何使用自带的驱动器优化进行磁盘碎片清理。这里针对的是机械硬盘，固态硬盘不需要这么做。

扫一扫　看视频

**步骤 01** 在"此电脑"中，进入分区"属性"界面，在"工具"选项卡中，单击"优化"按钮，如图14-56所示。

体设置过程。

**步骤 01** 右击"此电脑",选择"管理"选项,在"计算机管理"中,选择"设备管理器"选项,如图14-58所示。

图 14-58

**步骤 02** 在"设备管理器"界面中展开"磁盘驱动器"项,并在对应的磁盘上单击鼠标右键,选择"属性"选项。在"策略"选项卡中,勾选"启用设备上的写入缓存"复选框,如图14-59所示。单击"确定",返回即可。

图 14-59

**14.5.2** 使用第三方工具进行优化

扫一扫 看视频

第三方工具的优化比较全面,下面以安全管家为例,向读者介绍其功能。

（1）首页体检

打开主界面,在"首页体检"界面中,可以对电脑进行整体检测及优化,如图14-60所示。

图 14-60

（2）病毒查杀

在"病毒查杀"选项中,可以对电脑进行全盘查杀,如图14-61所示。

图 14-61

（3）垃圾清理

在"垃圾清理"选项中,可以对电脑进行垃圾扫描及清理,如图14-62所示。

图 14-62

（4）电脑加速

在"电脑加速"选项中，可以禁用开机加载项，清理内存，如图14-63所示。

图14-63

（5）权限雷达

在"权限雷达"选项中，可以对电脑弹窗进行管理，如图14-64所示。

（6）多种小工具

在"工具箱"选项中，可以使用多种专项小工具，如图14-65所示。

图 14-64

图 14-65

知识超链接　　MBR病毒的处理方法

MBR分区表前面已经介绍了，其实MBR勒索病毒就是将系统提示的MBR分区表错误信息进行了改编，锁住了分区表，造成系统无法启动。下面介绍MBR病毒的处理，分区表故障也可以按照以下方法处理。这里主要使用的软件就是DG。

当电脑中了MBR病毒后，开机会有勒索提示，如图14-66所示。或者干脆没有提示，无法从硬盘启动电脑。

图 14-66

步骤 01 启动并进入PE，启动DG软件。此时的硬盘分区表已经损坏，也看不出分区的内容了。单击"搜索分区"按钮，如图14-67所示。

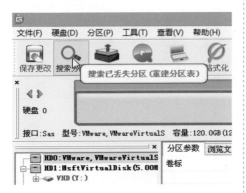

图 14-67

**步骤 02** 搜索整个硬盘，并保留搜索到的分区，如图14-68所示。搜索完成后，重建主引导记录，如图14-69所示。

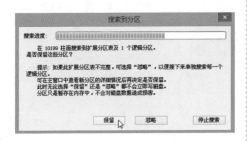

图 14-68

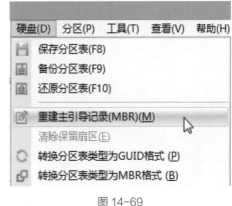

图 14-69

**步骤 03** 最后，使用系统引导修复工具进行修复引导即可，如图14-70所示。

图 14-70